配菜卡片

炒青菜
1.5 盘

1 盘（150 克）≈ 60 千卡

红烧肉
1/10 盘

1 盘（200 克）≈ 960 千卡

炸鸡
1 块

1 块（35 克）≈ 102 千卡

麻婆豆腐
1/2 盘

1 盘（150 克）≈ 20

运动卡片

擦地
19 分钟
体重为 80 公斤的人

你的记录：

走路（工作时）
30 分钟
体重为 80 公斤的人

你的记录：

生活卡片

瑜伽
24 分钟
体重为 80 公斤的人

你的记录：

跳绳
18 分钟
体重为 80 公斤的人

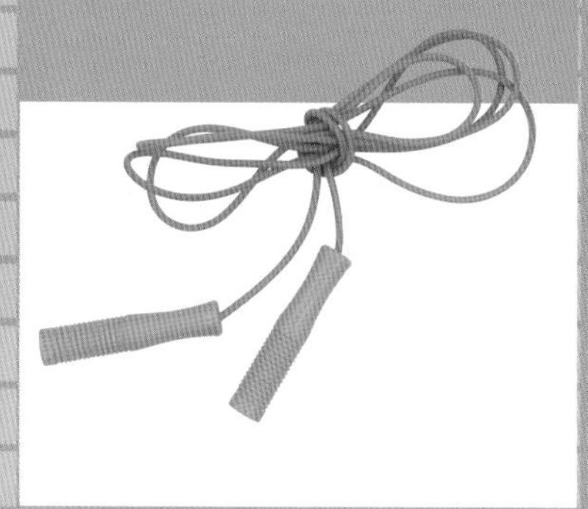

你的记录：

慢跑
10 分钟
体重为 80 公斤的人
速度约 120~130 米 / 分钟

你的记录：

游泳
9 分钟
体重为 80 公斤的人
速度约 45 米 / 分钟

你的记录：

园艺
18 分钟
体重为 80 公斤的人

你的记录：

做饭
36 分钟
体重为 80 公斤的人

你的记录：

将 100 千卡瘦身卡片付诸实践吧！

■请根据你的减重目标选择自己所适用的卡片及数量。在实践的过程中也可以更换卡片类型、卡片数量。然而减重效果并非与长运动时间和少摄取卡路里成正相关。人们受性别、年龄、身高，以及身体素质等因素的影响，瘦身效果不尽相同。因此，量力而行是瘦身减重的重要原则。

例：每日减少卡路里 300 千卡的情况

米饭卡片 1 张（少吃 100 千卡分量）+ 擦地卡片 1 张（消耗 100 千卡）+ 游泳卡片 1 张（消耗 100 千卡）≈ 300 千卡

受访人

欧阳应霁

生于中国香港，设计师、节目主持人、漫画制作人、跨界美食家等。曾出版书籍《天生是饭人》《香港味道》《半饱》等，漫画作品《我的天》《爱到死》等。

殷珉

艾扬格瑜伽老师，多次到印度艾扬格学院学习。

Ryan

空乘人员、健身爱好者、国际空手道联盟会员。

王天华

健康饮食定制品牌 invigr 创始人、运动健身机构 CrossFit Slash 创始人。

顾申宇

invigr 营养师、国家三级公共营养师、中国营养学会会员，擅长运动营养以及特殊人群营养支持。

刘鑫

invigr 美食创意总监、前侨福芳草地北京怡亨酒店行政总厨。

吴充

UI/UE 设计师，2014 年 9 月开始“365 天早餐不重样”计划。

张滨

健身、烹饪爱好者，经常在网上分享简单快手的健康食谱。

壁花小姐

“体态雕刻”热衷分子，“科学减脂营”营主。2015 年自创“骨盆操”、“直腿操”、“瘦腹操”等，发起“壁花减脂训练营”、“壁花小食堂”等相关活动。致力于用合理饮食、健身增肌的方式，帮助更多有减脂要求的女性塑造出理想身材。

Jessica Jones

职业膳食学家与营养学家，从小热爱写作与学习营养知识，和 Wendy Lopez 一起创立了“Food Heaven Made Easy”网站。

Wendy Lopez

职业营养学家。大学时选择了营养学专业，以求更加系统、科学地帮助更多有需要的人。

Max Levy

出生于美国新奥尔良，曾师从日本寿司大师安田直道，历经 7 年得以出师。2013 年在中国北京创办日料餐厅 Okra。

Julia Sherman

艺术家，摄影师，2011 年建立名为“Salad for President”的网站。

撰稿人

周瑾

CIFST 运动营养食品分会副秘书长，国家队运动营养师。

吉井忍

日籍华语作家，曾在中国成都留学，法国南部务农，辗转台北、马尼拉、上海等地任经济新闻编辑；现旅居北京，专职写作。著有《四季便当》《本格料理物语》等日本文化相关作品。

张佳玮

自由撰稿人。
生于无锡，长居上海，曾游学法国；出版多部小说集、随笔集、艺术家传记等。

老波头

上海人，专栏作家，江湖人称“猪油帮主”；著有《不素心：肉食者的吃喝经》《一味一世界——写给食物的颂歌》。

野孩子

高分子材料学专业的美食爱好者，“甜牙齿”品牌创始人。

miss 蜗牛

蜗牛工作室创始人，知名 lifestyle 摄影师、造型师。

kakeru

摄影师，美食爱好者。

黄鹭

摄影师，曾独立出版作品集《亲爱的小孩》。

特别鸣谢：

CrossFit Slash / invigr / Freeze_Jing / SuperHero 樱熊 / Okra /《原味》美食微纪录片

FEATURES

Chapter 1
一场有益终生的身体革命

用饮食，战胜过去的自己

村上春树说过："跑步对我来说，不独是有益的体育锻炼，还是有效的隐喻。……在长跑中，如果说有什么必须战胜的对手，那就是过去的自己。"追求理想身材，本质上也是在战胜过去的自己。只是需要认清，你是想获取短暂的胜利，还是想彻底成为理想中的自己。

陈晗 / text & edit

我们为什么要减肥

▦根据世界卫生组织 2011 年的数据调查表明，全世界成年人口中，至少有三分之一的人体重过重，几乎十分之一的人身体肥胖，约 4300 万 5 岁以下儿童超重。无论是在高收入、低收入或是中等收入国家，超重与肥胖的人数都在急剧上升，尤其是在城市环境中。这已经不再是个人问题，而是全世界共同面对的健康难题。▦但超重与肥胖，确实关乎一个人的健康与精神，说到底，仍旧是个人问题。从健康角度来说，超重与肥胖将加大罹患糖尿病、心血管疾病和癌症等慢性病的概率；从精神层面来说，它让许多人缺乏自信与活力，无法积极快乐地工作和生活。

并不是胖子才需要减肥

▦所以，在减肥之路上才会有这么多人前赴后继。或许有人会疑惑，怎样才算肥胖？怎样才算超重？谁才需要减肥？按照世界卫生组织的描述："超重和肥胖的定义是可损害健康的异常或过量脂肪累积。身体质量指数（BMI）是衡量人们肥胖程度的粗略指数，具体算法是按公斤计算的体重除以按米计算的身高的平方。身体质量指数等于或大于 30 为肥胖。身体质量指数等于或大于 25 为超重。"▦可是，BMI 只是根据体重和身高这两项简单数值，测算出来的非常粗略的指数，它或许可以帮助你进行身材方面的简单自测，却无法说明你的身体内部是否也为理想状态。这关系到一个重要的问题：看上去身材匀称的人，就不需要"减肥"了吗？你是否听说过"隐性肥胖"？▦隐性肥胖，也是肥胖的一种，而且是很危险的一种。它所指的，是内脏脂肪过量。很多显性的、外在的肥胖很容易得到重视，不易被察觉和关注的隐性肥胖，却暗藏危机，它和所有外在肥胖一样，会对健康产生恶劣的影响。▦因此，并不是胖子才需要减肥。换句话说，减肥的终极目的，绝不应该是外在的瘦，而是减去身体内的过剩脂肪，维持健康稳定的身体状态，与此同时，打造理想身材。

不易坚持的减肥法，不会成功！

▦人类对美的追求与生俱来，可对美的定义却摇摆不定，时而追求丰腴，时而追求骨感……这些迥异的评判标准，既关系着各个时代经济实力的差异，也源自舆论的推波助澜。舆论推崇瘦，就有人用各种极端手段让自己变瘦，瘦到面色暗淡、胃肠生病、内分泌紊乱，仍旧享受其中，以为越瘦越美；舆论高呼线条，就有人每天冲进健身房挥汗如雨，同时暴饮暴食，徒劳无功；也有人将体脂肪率降至过低，导致身体健康都受到影响。追求瘦或线条都不是问题，问题在于，以健康为代价的理想身材，是否真的理想？这种代价甚高的"美"，又能维持多久？▦节食、断食、单一饮食……所有压抑本性的极端减肥方法，的确可以在短时间内让人暴瘦，但它们终究都导向一种结果：无法终生坚持。一旦稍微恢复正常饮食生活习惯，马上开始反弹，体重被无情地打回原点，甚至更高，你又要开始新一轮痛苦的减肥计划，并不得不面对停止之后的再次反弹……身心就在这样的恶性循环中，日益损坏。为什么如此多的人在减肥路上反反复复，体重飘忽不定？是因为他们以为减肥是一天、一周、一个月，甚至一年的行为，而事实上，减肥是要持续终生的事业！▦于是很多人寄希望于运动，以为只要长期坚持运动，就一定能维持身材，减脂增肌。可所有运动过的人都会知道，运动后的食欲将大幅度提升，胃口全开，恨不得吃下整个世界。运动的人又极易陷入这样的思维误区："运动消耗了那么多热量，大吃一顿也没关系。"因此，众多运动爱好者的理想身材计划，伴随着胡吃海塞宣告破产，有些人还委屈发问："为什么我每天坚持运动，反倒还胖了？"▦总的来说，有三件事你必须清楚：1. 短时期的极端减肥行为，一旦停止，就会反弹；2. 不调整饮食结构而盲目运动，不会让你瘦；3. 不易于长期坚持的减肥方式，都不会成功。

吃得对，才能彻底成为理想的自己

▦而这三个问题归根结底，都关系着一件事：饮食。减肥过程中，最关键的部分就是饮食。如果减肥注定是持续终生的事业，与之相关的饮食方式，也必须持续终生。压抑心理与生理需求的饮食方式必然无法长期坚持，运动如不结合合理饮食也是徒劳，俗话说"三分练，七分吃"，若想长久维持理想身材，有且仅有一种方法：从今天起，养成受益终生的健康饮食习惯。▦健康饮食习惯，并不要求你吃得少，而是要吃得对；并不用吃寡淡无味的食物，依旧可以有鱼有肉，有饭有酒，享受自然界丰饶的食材带来的满足与愉悦。为了身体的稳定运作与正常代谢，蛋白质、碳水化合物、脂肪、各种维生素与矿物质微量元素，一样都不能少。营养均衡的膳食，才是长期拥有理想身材的关键。▦不过，平衡膳食是门科学，你需要知道一些基本原则，譬如各类食材的营养优劣，种种营养素在体内如何发挥作用，有哪些饮食陷阱一定要避开；进一步地，你可以构建一个合理的膳食结构，同时掌握一些简单实用的烹饪技巧，在健康无负担的同时创造美味；在此之上，你不必再去健身房，只需学习几个在家就能做的基础动作，每天适度练习。这样你便能在营养均衡、口腹满足的同时，让摄入始终小于消耗，不知不觉间，理想身材已是囊中之物。并且这一次，不用费力维持也不会反弹，因为你的饮食与生活方式，已经彻底改变。这一套能够彻底改变你的方法论，就在这本书中。

她们心中的理想身材定义

李晓彤｜interview & edit

Camille

Brocantic 店主

你如何定义“理想身材”？

对理想身材的定义，可能会随着年龄而有所不同，在我看来，理想身材是健康匀称紧实自信的体态，包括光滑的肌肤、自然的线条，并不一定十分纤瘦，但要舒展灵活。个人对于细节上的部位会特别留意，比如上臂的蝴蝶袖部位、后腰位的线条等。

你会怎样获得理想身材？

我长期慢跑，早上慢跑 3~5 公里，如果遇上雾霾天，就会在室内跳绳 400 下，或是骑健身单车 45 分钟，晚饭后通常会散步 45~60 分钟。可能天生是吃不胖的类型，所以除了这些以外就只是偶尔做做瑜伽。睡眠时间也比较固定，还有就是饭后尽量不立刻坐下休息。

你认为饮食、运动与理想身材三者的关系是？

饮食、运动与理想身材是密不可分的关系，如果饮食长期不均衡或者暴饮暴食，就会对肠胃和皮肤乃至身形造成难以修复的影响。适当的运动至关重要，有些运动并不是适合所有人，量力而行，才能长期坚持，我不太赞成地狱式运动和节食减肥，细水长流的运动和合理搭配的饮食习惯才是最终获得理想身材的秘诀。

你的饮食习惯？

一天之中我最注重早餐，偏好西式早餐多一些，那是一天里最放肆的一餐，从龙虾到羊排到自己做的面包，任何想吃的都可以吃，除了一天不会吃超过两颗蛋以外，早餐百无禁忌。午餐也会丰盛，只略少于早餐，晚餐基本都是粤式菜，清蒸鱼、白肉、汤，较为清淡，以七分饱为佳。几乎不吃夜宵，水果蔬菜吃很多，每天必有汤水，永远相信药补不如食补。

张春

冰激凌师，“犀牛故事”App 主编

你如何定义“理想身材”？

自己喜欢的身材就是理想身材。我觉得首先是健康。健康的话，就说明身体的情况是合适的，自己就应该喜欢它。至于说，时代的审美和社会舆论，也就是“别人”认为什么是好身材，我希望自己可以不在意。

你会怎样获得理想身材？

我睡醒的时候身材最好。特别是睡了一个好觉醒来，身体的形状会变得柔和匀称。如果度过了紧张、焦虑的一天，人的身体会有很大的变化，会把这些情绪明白无误地显示出来。所以我觉得要想身材好，一定要睡好。

你认为饮食、运动与理想身材三者的关系是？

一切都有关系，不能把这三者从庞大的生活中剥离开来谈。

你的饮食习惯？

感受身体，保持敏感，尊重身体的需要，它自然会告诉我应该吃什么，如何休息，如何舒适。

三公子

豆瓣理财达人，
《工作前 5 年，决定你一生的财富》作者

你如何定义“理想身材”？

一个“理想身材”，首先应是健康的身体，抛开肤色，抛开紧致度，首先身材的内在应是健康、充满活力的。当健康的前提满足之后，理想身材就是看细节了。肤色是白还是小麦色并不重要，关键是肤质好不好，紧致度高不高，围度是否合理。

如果身体健康的前提下，有细腻的肤质、圆翘的臀线、细致的腰线、漂亮的马甲线、挺拔的胸线，加上小巧的锁骨、紧致的大腿、细长的小腿，OK，那个时候小麦色皮肤绝美，奶白色皮肤也照样美。好吧，我是女的，我以我内心深处最完美的女生身材来回答。

你会怎样获得理想身材？

既然世间所有的美都需要保持，那么我肯定会选择运动健身来保持，而不是忌嘴不吃来保持。用我教练的话说，运动就是为了让你未来可以更好地享受美食。对于曾经在微胖界的我来说，想获得理想身材，先要减脂，然后塑形，再然后努力保持。再无他法！

你认为饮食、运动与理想身材三者的关系是？

这三者的关系，八个字定义：环环相扣，缺一不可。“理想身材”本来就需要内外兼修，饮食是“内补”，运动是“外修”。高效的运动＋合理的饮食，会让身体处在完美的平衡中，加上时间之手的推动，才会臻于完美。

你的饮食习惯？

当前在努力调整饮食习惯，改变过往喜欢甜食和精食的口味，转变为清淡＋谷物的饮食结构，蛋白质、脂肪和碳水化合物的摄入比例也在努力寻求一个平衡。

赵星

网名“特立独行的猫”，
《不要让未来的你，讨厌现在的自己》作者

你如何定义“理想身材”？

身体内部脏器健康。身体有曲线，肌肉紧致，皮肤有光泽。整个人神采奕奕。

你会怎样获得理想身材？

我会选择去健身房，请专业教练进行专业指导训练。

你认为饮食、运动与理想身材三者的关系是？

饮食是理想身材的重要组成部分，但不是全部。饮食、运动与理想身材，想实现则缺一不可。

你的饮食习惯？

千年不变。早餐：鸡蛋、牛奶、麦片，麦片是进口无糖麦片，不好吃但很健康。午餐：蔬菜和牛肉为重点，多吃牛肉不会胖，猪肉鸡肉少吃。晚餐：主要是粥类。睡前吃水果，保证早起排便好，比较少吃西瓜。除了早餐，其他都控制饮食吃得少些，七分饱就好了。

Chapter 2

为什么无法拥有理想身材？

试过多种减肥法，依然反弹是为何？

张奕超 / text & edit
Ricky / illustration

✶减肥的方法与理念层出不穷。仅取“节食”一项，便有严格规划食谱的、要求只食用一种或几种食物的、限制饮食时间的、限制饮食热量的等等。每一种理念的提倡者都标榜着“信我即瘦”，到底它们的原理是什么？是否站得住脚？减肥药、抽脂手术等明显对身体有伤害的方法，暂且不表，这一次，就先盘点一下近几十年来曾在全球风靡一时的八种减肥法，这其中一定有一些，你已经试过并放弃，又或许你试过并确实看到效果，因此仍在进行中。但你是否清楚地知道，这些方法，对你长久的身心健康产生了怎样的影响？

The Copenhagen Diet

✣✣✣ 哥本哈根减肥法 ✣✣✣

✣ 实践方法 ✣

✣该方法要求减肥者按照一份 13 天食谱严格控制饮食。早餐标配是黑咖啡和面包片，少数几天可添一块烤面包片；午餐一般是 200 克火腿、鳕鱼或两个煮鸡蛋，可配蔬菜；晚餐则有 200 克牛排、250 克鸡肉等肉类，蔬菜均不限量。哥本哈根减肥法对饮食要求非常严格，如果食用了食谱外的食物，需停止食谱，一段时间后才能重新进行。

✣ 效果 ✣

✣该方法严重缺少碳水化合物的摄入，营养构成单一，热量供应不足。短期内可能会因营养摄入不均衡，人的身体不适应，体重有所减轻，但容易反弹，并会对身体造成伤害。

Fast Diet

✣✣✣ 轻断食减肥法 ✣✣✣

✣ 实践方法 ✣

✣轻断食即每周 5 天正常饮食，2 天进行断食。断食日不连续，一般是周一和周四，要求女性摄入热量低于 500 千卡，男性摄入热量低于 600 千卡。断食日建议食用蛋白质含量高、升糖指数低的食物，只吃早餐和晚餐。比如该理论推荐的一款男性断食日食谱，早餐是酸奶、香蕉片、草莓、蓝莓、杏仁，晚餐是虾子水田芥酪梨沙拉和一个蜜柑，总量在 599 千卡。轻断食的支持者认为，此种减肥方法既不像完全断食一般难以接受，也可通过断食使身体修复，达到所谓的“排毒”效果。

✣ 效果 ✣

✣关于轻断食是否能修复身体，以及“排毒”究竟是何概念，目前尚无营养学界的确凿理论支持。每周两天控制热量，对长期热量摄入过多的人来说可能比较适宜。但对热量摄入并无过多的一般人来说，轻断食时期的热量明显低于每人每天应摄入的热量基本值，这种严重摄入不足，可能会导致激素分泌紊乱、基础代谢下降、贫血、低血压、低血糖等风险，建议谨慎尝试。

Atkins Diet

✣✣✣ 阿特金斯减肥法 ✣✣✣

✣ 实践方法 ✣

✣该减肥法在 1972 年由美国阿特金斯博士提出。他认为肥胖的元凶是碳水化合物，鼓励少吃淀粉多吃肉。具体操作可分几个阶段：前两个星期，每天只能摄入不高于 20 克的碳水化合物，其中大部分都来自蔬菜，可食用任意量的肉类和脂肪类；接下来会适当增加碳水化合物的摄入，直到达到减肥目标；此后的饮食中，碳水化合物摄入量保持达到减肥目标时的摄入量。

✣ 效果 ✣

✣医学界担心，尽管阿特金斯减肥法可在短期内导致体重显著降低，血压、血糖、血脂下降，但长时间摄取大量蛋白质可能会造成对肝、肾脏器的负担。如需用该方法减肥，最好是短期内使用，同时需有专人协助监控身体变化。

NFAM

✣✣✣ 过午不食法 ✣✣✣

✣ 实践方法 ✣

✣过午不食原本来自佛教戒律，人们以此方法减肥时通常一天只吃早、午两餐，午餐后的 2~3 小时即开始不吃饭。该方法要求早餐吃好，午餐吃饱，以两餐一定吃饱为原则。吃完午餐后，除了喝水、茶以及低热量饮料，就不再进食了。有时晚上实在太饿，可以吃少许低热量水果。

✣ 效果 ✣

✣通过每天只吃两餐来瘦身，容易因热量摄入不足而导致人体精神萎靡。简单地省略晚餐，可能使人在早、午餐时吃过量，晚上则饿肚子，对消化道功能的正常运作也有损害。

The One Ingredient Diet

✣✣✣单一饮食减肥法✣✣✣

✣ 实践方法 ✣

✣该类减肥法建议在一段时间，大量食用特定食物，只少量搭配其他食物。此类减肥法种类繁多，有“三日苹果减肥法”、“黄瓜鸡蛋减肥法”、“水煮蛋减肥法”、“7 日蔬菜瘦身汤”等。或是如“苹果减肥法”一般，在三日内只吃苹果；或是如后几种一般，在一段时间内，将特定食物作为主食。

✣ 效果 ✣

✣该方法短时间内可达到因营养单一、热量不足而快速减重的效果。但是再健康、再美味的食物，也不能长期只吃一种。长期使用此种减肥法极易造成营养不良，对身体伤害较大。个别方法中，摄入单一食物还易累积对身体健康有影响的物质，如每天食用 5~6 颗蛋的“水煮蛋减肥法”，就易使人体胆固醇含量超标。

Vegetarian Diet

✣✣✣ 素食减肥法 ✣✣✣

✣ 实践方法 ✣

✣提倡素食减肥法的人们认为蔬菜、水果、豆制品、米面等对身体无负担，油腻的肉类会导致肥胖，不食肉即可减肥。

✣ 效果 ✣

✣不吃肉类易造成营养不良，肉类也是人体内蛋白质的优质来源，而红肉中更含有大量人体必需的铁元素。此外，素食减肥者容易摄入过多主食，导致碳水化合物含量超标而增重。因此，采用素食减肥法减肥，应注意营养均衡，及时通过豆制品等补充因缺少肉类而缺乏的蛋白质、矿物质、维生素等营养物质。

Exercise

✣✣✣ 单纯运动减肥法 ✣✣✣

✣ 实践方法 ✣

✣每天进行大量的跑步、跳绳、健身操等有氧运动，汗流浃背，但在饮食上并不控制。

✣ 效果 ✣

✣过量运动后容易胃口大开，此时如果大吃大喝，不加节制，不仅不瘦，反倒增重。运动固然是减重的好方式，但如果不控制饮食，只是白费力气。所以适量运动与均衡合理的饮食控制相结合十分重要，并且运动也需讲究方法，注意使用正确姿势，以免造成运动损伤。

Massage

✣✣✣ 按摩减肥法 ✣✣✣

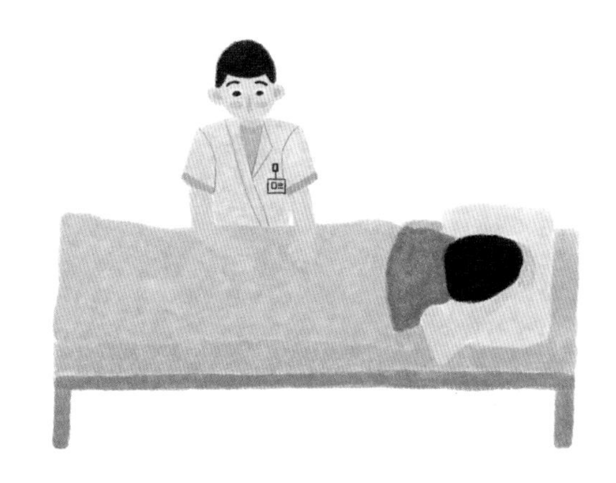

✣ 实践方法 ✣

✣按摩减肥属于中医减肥的范畴，主要通过按摩相应穴位，达到调理内分泌、新陈代谢、脏腑系统等作用。也有的声称通过按摩，可直接软化和打散脂肪细胞，使身体肥胖部位的脂肪细胞数量减少。

✣ 效果 ✣

✣事实上，人体脂肪细胞的数量是固定的，按摩并不能直接软化、打散甚至减少脂肪细胞。通过中医调理新陈代谢或许会有一定效果，但仍需配合合理的饮食与运动，才可真正长期维持理想身材。

专访 ………  × 王天华 × 顾申宇 × 刘鑫

节食？断食？不如回归常识！

专访形体饮食定制品牌 invigr

邵梦莹，陈晗 / interview
邵梦莹 / text & edit
王姝一 / photo courtesy
营养信息 / 热量 碳水化合物 脂肪 蛋白质

✳在总是推陈出新，乐于推销新观点的现代社会，在减肥这件事上永远是：推出新观点，打着科学旗号，无数人试验有效，有人质疑，被推翻，再继续推出新观点的无限死循环中。当下一个前无古人，后无来者，闪着金光的"救世处方"飘到你面前时，你可能还是会将信将疑地打开并想试试看。

❍随着近 20 年中国人民生活水平的提高，吃饱已不是难事，从精米精面到高档食材，从国外进口到绿色有机，有一部分人的意识的确是先行的，但绝大部分人的思想还是停留在"管饱"的层面上，并不会将由此引发的肥胖和各类慢性病与饮食方式相联系。再加上电视瘦身产品对比图的轮番轰炸，网络上风传的十天苹果瘦身法，养生会馆电子屏上 24 小时不停播放的"绝不反弹"，已经把你彻底地搞晕了，导致你总是忙于寻找解决办法，而忽略了分析问题的源头，甚至遗忘了一些常识，譬如：减肥不是只坚持一段时间而已，而是需要养成长期良好的饮食习惯和运动习惯；基础代谢率就是会随着人体的衰老而下降，吃什么药都不会大幅度提升代谢能力；体重和体脂率都正常，并不意味着你的生活习惯就很健康。❍在减肥这件事上，回归常识永远比追求新潮流要重要得多。invigr 就是一家重视"常识"的饮食定制品牌，他们不提倡外表的"瘦"，也不认为减肥就是要吃常人所不能吃，忍常人所不能忍。他们为每个人量身定制的饮食套餐，先需经过对个人的身体诊断，再由专业营养师精确计算对象所需营养配比与数值，最后，这张数据被送达主厨手中，他的使命是在这套严格的数字限制下，化腐朽为神奇，创作出尽可能美味的一日三餐。他们认为在营养均衡的前提下，通过创造摄入食物的热量差，有一个长期、稳定、健康的减脂过程，才是合乎常识和健康的方法。

PROFILE

王天华
健康饮食定制品牌 invigr 创始人、运动健身机构 CrossFit Slash 创始人。

PROFILE

顾申宇
invigr 营养师，国家三级公共营养师，中国营养学会会员，擅长运动营养以及特殊人群营养支持。

PROFILE

刘鑫
invigr 美食创意总监、前侨福芳草地北京怡亨酒店行政总厨。

● 分别对应不同天的早、午、晚餐，所有分量都针对男性设计，女性可适当减少食材用量。

× 王天华

对话常识传播者：回归常识才是良方

食帖 ▻ 为什么创立 invigr？

王天华 ▻ 我自己是一个健身爱好者，知道健身与饮食的关系非常复杂。但有些人就想要大块肌肉，所以猛吃蛋白粉，可是你知道你实际消耗是多少吗？超过的量对身体又有怎样的伤害呢？现在的情况就是很多人都搞不清楚，盲目健身，还会认为将大部分精力花在饮食上很麻烦。其实我们做这件事的初衷，就是想做一件对的事。市面上永远在推出新概念、新观点，但我们就是希望从科学的运动营养学、运动生理学角度回归常识，希望大家理智地去看待减肥这件事，同时更注重自己的生活品质。

食帖 ▻ 你希望传递的饮食生活理念是怎样的？

王天华 ▻ “精细化饮食”。减肥过程中饮食的重要性不可否认，既要营养均衡，又要对减肥有促进作用，这就需要提前知道减肥者的身体数据和生活习惯，每一项都要精密地测量和制定。如果做不到提前规划，这个减肥就是没有目标也看不到结果的。所以这件事一定需要做到极致，每一餐的营养，量化到每种食材的具体用量，比如油规定 3 克就是 3 克，盐要求 2 克就一定不能超过，全都要称量使用。但如果让一个人长期这么做，肯定会“疯”，单单在精神上就会给他施加非常大的压力，对心理来说是不健康的。我们就想替大家省去这样的麻烦，既做到科学制定，又免去他们的心理负担。

食帖 ▻ 你们提供的健康配餐具体有哪些特点？

王天华 ▻ 主要有三个方面，第一是专业性，例如两位成年男性，身高、体重、年龄都一样，但两个人的饮食结构不一样，制定出来的配餐就不能一样。如果做不到配餐的差异性，专业性上就会大打折扣；还有关于热量的计算方法，一般都是根据三大营养素含量来计算，但这种方法其实非常粗略，导致你摄入的热量要比你预期的多，这也需要专业性的操作；再有一个是回访，每过一段时间都要重新调整饮食结构，这是非常必要的。

第二是注重口味和口感。现在流行的水煮鸡胸、水煮蔬菜，你真的觉得好吃吗？或者换一种问法，你可以坚持吃多久？健康的减肥一定是长期的、稳定的、不能急于求成的，长期食用索然无味的食物会令你的身体产生本能抵抗，无疑会给减肥带来巨大阻碍。所以在配餐中，经过严格设计和用料控制后，能做到口味口感与日常饮食无异，是必不可少的。

第三是在最终的呈现上，要对人友好，对环境友好。食物的呈现首先要赏心悦目，要有美感；而容器上，则使用私人定制，且循环使用的环保饭盒。

食帖 ▻ 在你看来，国内现代人的饮食习惯如何?

王天华 ▻ 首先，大家都知道食材并不是为了人类的生存而生长的，而是人类去选择，去尽可能地摄入食物来获取安全感。近 30 年来中国物质的极大丰富，并没有让人摆脱掉对食物的强需求，30 年前的物质匮乏还留存着影响；其次，中国是个农业大国，以前很多人都要下地干活，养成了高碳水摄入的习惯，碳水摄入一旦超过所需，就易引发肥胖；再次，就是现代生活的快节奏，人们对食物的味觉要求更严苛，导致饮食偏向高盐、高热量，运用各种煎烤油炸等烹饪方法使其更“美味”。现在国内人的高血脂、高血压和肠胃癌症等身体问题，都是与饮食习惯相关联的。

对我来说，人类与食物的关系，饮食与健康的关系，其背后就是“控制”二字，如果单凭你最原始的想吃、爱吃就去摄入，是一定会发胖的。我觉得人生很多事情都与这两个字有关，但这里的“控制”并不是强迫症，而是要理智地、身心平衡地控制。

× 顾申宇

对话专业营养师：取舍都要自己去权衡

食帖 ▻ 你认为怎样才算理想健康的身材?

顾申宇 ▻ 在过去十年左右的时间，舆论一度使大众形成了以瘦为美的审美观念，大部分女孩追求的不是“fit”，而是“体重不过百”，这就造成大量女性为了降低体重，对节食趋之若鹜，很多人吃减肥药，最终还是复胖，甚至导致药物性肝炎肾炎等更严重的问题。而近一两年，随着网络的发展，健身热潮风靡全国，女生开始关注“fit”，舆论也开始导向瘦不是美，而是开始强调人鱼线、马甲线。但这样其实也有些过犹不及，每个人天生的体脂率并不相同，要出现人鱼线、马甲线所需要的体脂率也不一样，所以有的人天生就有马甲线，有的人则需要训练加控制饮食，通过达到更低体脂率来获得马甲线，然而，过低的体脂率是会影响女性正常生理功能的，如果为了追求人马线而丢了健康，则是本末倒置。

● 刘鑫设计的早、午、晚三道健康餐所需用到的蔬菜类食材。

食帖 ▻ 评断一个人的身体状态，具体可参照哪些标准?

顾申宇 ▻ 主要可从数据和生活习惯两大部分来看。数据上可以用身体质量指数(BMI)、体脂率和腰臀比(WHR)来评测。BMI 是用你的体重（公斤数）比上身高（米）的平方，得出的数值在 18.5~23.9 为正常值，最佳状态为 22。超过 24 或低于 18.5 都不是最健康的身材，但这只是标准之一，不能完全根据其来判断；第二是体脂率，女性一般在 20%~24% 属于正常状态，男性在 15%~20% 都算是健康身材；腰臀比 WHR，是腰围和臀围的比值，是判定中心性肥胖的重要指标，女性得数在 0.85 以下，男性得数不大于 0.9，都说明在健康范围内。

但有些人即使上述目标都符合，也并不能说他就是健康的，一个人的健康状态，还要结合生活习惯，也就是饮食习惯与运动习惯来综合判断。饮食习惯主要是指没有偏食、节食、暴饮暴食的习惯，各方面营养摄入是否均衡，高油高盐高热量的食物是否摄入过多等。运动习惯其实要求不高，每天走个 1 万步，上下班的快速走都算是简单运动，如果加入更多有氧运动和无氧练习，身体就会更具活力与健康。

食帖 ▻ 若要维持理想身材与健康状态，饮食方面具体来说需注意些什么？

顾申宇 ▻ 以 BMI 和体脂率在正常范围，并且没有中心性肥胖这个标准来说，饮食应尽量以干净为主。并不需要无油无盐，只要做到碳水以粗粮为主，多蔬菜，并摄入充足的优质蛋白质及脂肪。避免高盐、油炸及膨化加工零食。假如将我们的一餐放在一个餐盘里来考量，那么碳水化合物需占四分之一，蛋白质也需占四分之一，剩下的则由绿叶蔬菜及水果以及一些优质脂肪来提供。

食帖 ▻ 在为个人定制营养配餐时，除了上述数值标准，还会参考哪些信息？

顾申宇 ▻ 第一，会咨询用户几个简单的问题，来判断用户是否患有饮食障碍，如暴食症或厌食症，因为这已经属于一种疾病了，必须先去医院治疗；第二，通过 24 小时回顾法，了解用户饮食习惯及他日常饮食中存在的问题，比如他摄入的盐、油如果过高，我们就会降低用盐用油量；第三，就是之前说过的通过身高、体重、年龄、腰围、臀围、体脂率来判断用户是否存在超重或肥胖的情况，以及肥胖的类型。通过这些线上公式或线下仪器测量，测出用户的基础代谢，并估算额外的运动耗能。通过这三类数据，就可以为用户制定一个存在一定热量缺口，但不会减脂速度过快的饮食方案。

食帖 ▻ 什么是热量缺口？

顾申宇 ▻ 例如，一位成年男子的日常基础代谢是 1500 千卡，日常活动消耗 300 千卡，那一天所需的热量就是 1800 千卡，但是饮食上只摄入 1500 千卡，每天的热量缺口就有 300 千卡，一个月的缺口就有 9000 千卡，而 7000 千卡是理论上 1 公斤脂肪产生的热量，所以一个月减掉 1~2 公斤是比较正常，且不易反弹的数值。

食帖 ▻ 在你看来，现在很多人的健身或瘦身过程里存在哪些误区？

顾申宇 ▻ 首先是期望快速瘦身，瘦身并不只是一段时期的坚持。如果过了减肥期就恢复原来的饮食习惯，一定会反弹。所以，如果在减肥期间摄入的食物，是你没有办法一直坚持的，这个减肥方案就没有长远意义。其次是一些极端减肥法。不控制摄入量，但只摄入高纤维或只摄入蛋白质，对碳水和脂肪一点都不摄入，这是极其错误的。什么苹果减肥法、豆浆减肥法，千万不要去尝试，只摄入单一营养对身体的伤害极大。比如脂肪中含有的必需脂肪酸，要承载很多生命活动，尤其对女性来说是促进雌激素分泌的重要物质，如果你一点脂肪都不摄入，必然影响正常的生理功能。所以，减肥必须要营养均衡。

还有很多人对“fit”的概念混淆不清，“fit”是一种生活方式，而不是追求身体上某一部位的显著变化。要知道，并不是所有人每天都有大量时间可以用在健身、运动，以及烹饪一顿极其合理健康的饮食上的。所以，追求“fit”，不是要和微博或某些 App 里的红人比，而是和我们自己以往的生活习惯比，比如原来爱吃零食不好好吃饭，现在每天可以坚持吃干净的食物，就是健康的；比如以前上下班打专车，现在改为用公共自行车或走路，也是健康的。

× 刘鑫

对话味蕾魔术师：要追求味觉的平衡

食帖 ▻ 当初为何想要做健康配餐？

刘鑫 ▻ 说到做这件事的动力，50% 来源于我的父亲。他老人家身体不好，患有高血压病，长期坚持吃水煮或蒸制的食物，极力控制饮食摄入，这对他那个年龄的老人来说真的很痛苦。我就想，如果市面上有一份令人安心的、严格控制用盐用油的健康配餐的话，对很多人来说都是好事情。

● 早、午、晚三道健康餐所需的调味料。

食帖 ▻ 做健康配餐与你之前做其他料理，最大的不同是什么？

刘鑫 ▻ 就是你对你的食材的了解，不能仅限于口感、味道、适宜的制作方法，还要考虑更多营养层面的事。

最开始做健康餐的时候，其实曾处于非常疑惑的状态，不知道怎么才能中和口味与营养的平衡，因为这种餐对各种用料的用量要求非常严格，盐只放一点，油也只放一点，那还能做饭吗？所以我几乎每天都要跟营养师争论，但是争完之后，为了真正达到效果，还是要降低油和盐的使用。每次做饭我都拿个小秤来称，油 5 克，盐 2 克，一点一点试验。还有食材选择要更细心，比如我会选用低脂鳕鱼，而不是普通的含高油脂的鳕鱼；蔬菜我会亲自去寻找有机农庄，看看种植环境是否真的绿色有机。如果这些方面都做不到，我凭什么说自己提供的餐更好呢？

● 刘鑫正在称量 150 克的蜜橘，用来制作早餐的蜜橘燕麦酸奶。

食帖 ▻ 在指定的营养数据内，做出依旧美味的食物，后来你是如何做到二者兼顾的？

刘鑫 ▻ 这里可分为三个层次来讲，第一层次就是寻找口味的平衡，如果降低了用盐用油量，就要寻求其他调味料的帮助。比如我会用香料来腌制食物，用其特殊的香味，减少你对盐的需求，用醋也可以。所有调味品的使用，都必须是为了寻求少油少盐后的平衡，绝不会多加也不会少加，而油的用量限制就与第二个层次非常相关了。

第二层次是烹饪方法的变更。我们改变了中国传统烹饪的煎、炸、烤等，需要高油才能完成的食物，改用煮、蒸、低温慢煮、低温慢烤等方法。比如在用油量 5 克的情况下要烤一块牛肉，只能运用低温慢烤的方法才能保留肉汁，烤箱 80℃ 烤好几个小时，极大程度地保留肉的口感和肉汁。好饭不怕等，有时候我烤肉甚至会烤上 24 个小时。同理，低温慢煮也是一样。如果你看到外面卖的发柴的鸡胸肉，肯定不会想吃第二次吧，那简直无法下咽。

第三层次是配料的重新组合。现代人都觉得蔬菜沙拉健康，可沙拉里如果用的是传统沙拉酱，热量仍旧非常高。传统的蛋黄沙拉酱是将蛋黄打好后，加入几十倍的油做成的，热量能不高吗？我就决定尝试做无油沙拉酱，用蔬菜和水果做原料来打制，吃起来健康又美味。再比如油醋汁，原本为 1 份醋、3 份油，而我改用 1 份油、3 份醋，而且醋使用三种不同的醋来调和，比如苹果醋、树莓醋、芦笋醋，最终就能做到每一项用料都在严格把控内，同时吃起来依旧味道丰富可口。

食帖 ▻ 你在开发制作健康配餐时，似乎采用了很多西餐烹饪方法？

刘鑫 ▻ 确实使用西餐烹饪方法较多，但不局限于做西餐时，我也会用西餐的烹饪方法来做中餐、亚洲餐甚至全世界的餐，唯一的标准就是符合用户口味和健康主题。我觉得如果你很认真地在做这件事，食客们是一定会感受到你的诚意的。

食帖 ▻ 能否分享三道在家就能做的健康配餐。

刘鑫 ▻ 那就分享早、中、晚三餐，但它们并不同属于一天，而是分属于不同天的其中一餐。如果放在同一天吃就太多了，而且这是男性分量。fin.

Breakfast

✤ 金 枪 鱼 沙 拉 ✤

营养信息▸▸▸▸

/ 420.0 千卡

/ 56.0 克

/ 10.0 克

/ 26.0 克

食材▸▸▸▸

✤金枪鱼罐头 /80 克

✤白洋葱 /20 克

✤西红柿 /40 克

✤鲜青椒 /15 克

✤橄榄油 /2 克

✤盐 /1 克

✤黑胡椒粉 /2 克

✤煮鸡蛋 /1 个

✤黑橄榄 /5 克

✤意大利黑醋 /10 克

✤芝麻烧饼 /1 个

✤鲜芝麻菜 /10 克

✤樱桃小萝卜 /10 克

做法 ▸▸▸▸

❶将橄榄油、盐、黑胡椒粉、意大利黑醋调成汁。

❷蔬菜切丝，黑橄榄切片，加入金枪鱼和调好的酱汁，拌匀后放入樱桃小萝卜片即可。

● 早餐：金枪鱼沙拉，与之搭配的是一个烧饼、鲜芝麻菜、温泉蛋和蜜橘燕麦酸奶。

Lunch

✤ 全 麦 牛 肉 卷 ✤

营养信息

/ 233.0 千卡

/ 23.0 克

/ 5.0 克

/ 24.0 克

食材

- ✤澳洲安格斯牛肉/100克
- ✤全麦面饼/2张
- ✤橄榄油/2克
- ✤甜菜梗/10克
- ✤白洋葱丝/50克
- ✤有机豆芽/5克
- ✤胡萝卜/10克
- ✤墨西哥啤酒/12克
- ✤干牛至/0.2克
- ✤孜然/2克
- ✤黑胡椒粉/3克
- ✤混合香料/4克
- ✤大蒜/10克
- ✤生菜/15克
- ✤黄甜椒/15克
- ✤鲜香菇/10克

做法

❶称量2克橄榄油，将其均匀涂抹在牛肉上。

❷在牛肉两面擦满黑胡椒粉、孜然、混合香料、蒜末、干牛至，放入容器，倒入少量黑啤，放入冰箱冷藏24小时，待其腌渍入味。

❸放入锡箔纸中密封，60℃烤1小时。

❹牛肉烤制完成后，切片备用。

❺香菇、豆芽过水焯熟，胡萝卜、甜椒切条，生菜、甜菜梗洗净备用。

❻将步骤❺的蔬菜整齐铺在全麦饼的一侧。

❼在菜上铺上牛肉片和洋葱丝，卷好即可，另一卷饼重复上述步骤。

● 午餐：全麦牛肉卷、煮玉米、香蒜蘑菇。

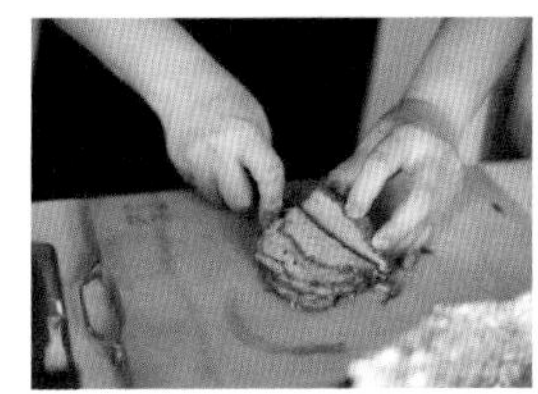

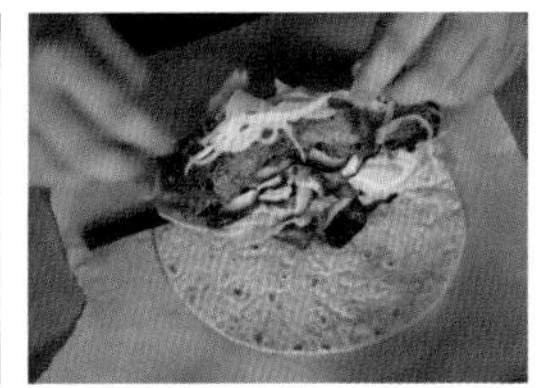

Dinner

✤ 咖 喱 比 目 鱼 柳 ✤

营养信息

/ 233.0 千卡

/ 23.0 克

/ 5.0 克

/ 24.0 克

食材

✤冻比目鱼柳/400克
✤白洋葱碎/50克
✤本地番茄/50克
✤橄榄油/3克
✤蒜末/10克
✤干辣椒碎/4克
✤花生碎/5克
✤鱼露/2克
✤黄姜粉/2克
✤甜椒粉/2克
✤香菜碎/2克

做法

❶称量3克橄榄油，将白洋葱碎炒香。

❷加入蒜末、干辣椒碎、甜椒粉、黄姜粉、番茄碎炒匀。

❸加少许水煮开，加入鱼露调味。

❹放入鱼块，煮熟后加入香菜、花生碎。

❺将鱼肉取出，整齐摆放到餐盒中即可。

● 晚餐：咖喱比目鱼柳、清灼西蓝花杏仁、少量煮熟大麦。

✣ 五个超简易瘦身动作 ✣

CrossFit Slash / 特别协力

Hollow Body Holds

✣✣✣ 全身屈 ✣✣✣

✣ 动作介绍及要领 ✣

► 全身屈是体操训练的基础动作之一，练习这个动作可以很好地强化我们身体前侧的核心肌群。

► 主动骨盆后倾，腰部紧贴地面，确保腰部和地面之间没有空隙，这样可以保证我们的腹部是收紧的。头部、肩胛骨、手臂、双腿离开地面，保持该姿势尽可能长时间，如果觉得动作较难，可以抬高双腿或屈膝降低难度。

✣ 练习建议 ✣

► 2 组 ► 每组 15~20 次（每条腿）► 组间休息 10 秒

Lunge

✣✣✣ 弓箭步 ✣✣✣

✣ 动作介绍及要领 ✣

► 弓箭步是锻炼腿部肌群非常好的一个动作，同时，因弓箭步的动作模式和行走、跑步很像，所以它也是很实用的动作。弓箭步动作本身的不稳定性，对身体的协调和平衡也是很好的锻炼。

► 保证 3 个 90 度：前支撑大腿与小腿成 90 度，后支撑腿与小腿成 90 度，身体和地面成 90 度。

► 注意！后支撑腿要轻轻地触地，控制住，不要猛地触地。

✣ 练习建议 ✣

► 3 组 ► 每组 10~15 次（每条腿）► 组间休息 20 秒

Side Lunge

✣✣✣ 侧弓步 ✣✣✣

✣ 动作介绍及要领 ✣

► 侧弓步是弓箭步的变形动作，也是锻炼我们腿部肌群的一个动作，相比于弓箭步，侧弓步对大腿内侧的锻炼效果会更明显一些。

► 宽站距站立，身体向一侧倾斜的同时下蹲，下蹲过程中保持平衡。

✣ 练习建议 ✣

► 3 组 ► 每组 10~15 次（每条腿）► 组间休息 20 秒

Mountain Climbers

✤✤✤ 伏地踏步 ✤✤✤

✤ 动作介绍及要领 ✤

► 伏地踏步是一个很好的心肺练习动作，对我们的心肺系统有不错的锻炼效果，并且由于其俯身踏步的动作特性，对我们的核心肌群也有较好的锻炼效果。

► 伏地支撑，然后双腿快速交替踏步，尽可能坚持较长时间。

✤ 练习建议 ✤

► 3 组 ► 每组 30 秒 ► 组间休息 10 秒

Burpee

✤✤✤ 立卧撑跳 ✤✤✤

✤ 动作介绍及要领 ✤

► 立卧撑跳是一个极具挑战性的动作，对心肺耐力和全身肌力都是很大的刺激。

► 全身触地，起身跳跃的同时脑后击掌。

✤ 练习建议 ✤

► 30 次 ► 做完为止

fin.

是时候，和危险生活方式说再见

13 种“Never Do It!”你中招了吗？

陈晗 / text & edit
Ricky / illustration

✣✣✣不吃碳水化合物类主食✣✣✣

✣有些人为了减肥，完全不吃碳水化合物类主食，只吃蔬菜、水果、肉蛋奶等。这样固然会快速减重，但存在几点问题：1．减下去的未必是脂肪，并会导致肌肉流失。充足的碳水化合物，才能协助体内蛋白质转化为肌肉，碳水化合物严重摄入不足，只会导致更多的蛋白质分解和流失。2．这种减肥方式短期内尚可坚持，但难以常年执行，一旦在主食上有所恢复，则会马上反弹。3．碳水化合物主要就是糖分，虽然糖不宜过度摄取，但严重不足，会导致人体自动转入储能状态，主动囤积脂肪，节约能量。因此，适量摄入升糖指数低的碳水化合物非常重要，比如从精米白面主食，转变为以五谷杂粮为主。

✣✣✣不吃早饭✣✣✣

✣很多人早上无法早起，又赶着去上班，就干脆不吃或只匆匆喝一杯饮品作为早餐，这样其实很危险。因为晨起时人体的代谢水平通常较低，醒来后如不及时进食，将无法刺激代谢水平及时上升，而代谢水平直接关系到身体热量的消耗；同时，晨起后如不进食，一上午人都容易陷入低血糖的状态，非常不利于注意力的集中，和工作状态的提升。所以，将不吃早饭当成一种减肥方式，或认为早饭吃不吃都无所谓的想法，是非常错误的。

✣✣✣每餐只吃一盘蔬菜沙拉✣✣✣

✣这种饮食方式十分极端，因为蔬菜水果中虽含有大量膳食纤维、维生素和矿物质，但大多缺少足够的蛋白质、脂肪和碳水化合物。坚持此种饮食方式，只会导致严重的营养失衡，使体内缺乏充足的营养素支撑机体正常运转，新陈代谢也将紊乱，甚至会影响女性的正常生理周期。况且，这种极端饮食方式较难长期坚持，一旦改变就可能反弹，并非长久保持理想身材的明智选择。

✤✤✤忍住不吃喜欢的食物✤✤✤

✤有些怕胖的人，在日常饮食中随时随地保持高度警惕，认为想要保持身材，就必须压抑大快朵颐的欲望。可谁说好吃的东西就一定会让人发胖呢？其实只要注意主食上减少摄入精米白面类碳水化合物，替换为粗粮谷物，配菜多摄入优质高蛋白食材，以及蔬菜水果，以补充充足的膳食纤维与各种维生素和微量元素。烹饪方式上适当少油少盐，用其他香料来增添味道上的丰富。只要了解营养摄入的基本注意事项，就会发现，好身材与吃好，并不矛盾。

✤✤✤大量运动，却不控制饮食✤✤✤

✤运动有益身心健康是不容置疑的，但如果是以明确的增肌减脂为目的，那么合理的饮食控制至关重要。尤其是在大量运动、汗流浃背之后，往往使人食欲大开，这时如果怀着“已经消耗足够多的热量了，多吃一点也无妨”的侥幸心理暴食一顿的话，不仅前功尽弃，还会有更恶劣的影响；但运动后完全不吃也不可，因为身体急需补充在运动中消耗的大量糖原，并且此时正处于增肌的黄金时间，应及时摄入适量高碳水及高蛋白食物。

✤✤✤认为家务活不是运动✤✤✤

✤很多人认为运动就是要跑步、游泳、瑜伽或去健身房等，其实日常生活中有很多小的体力劳动，都能消耗一定的热量。以体重 80 公斤左右的人为例，用吸尘器打扫卫生 20 分钟就能消耗 100 千卡；做饭或洗衣物 36 分钟可消耗 100 千卡；擦窗户 24 分钟也可消耗 100 千卡。再说运动，仍以体重 80 公斤的人为例，若想消耗 100 千卡，需要慢跑 10 分钟，或游泳 18 分钟，或瑜伽 30 分钟才可以。相比才知，同等时间内，做家务消耗的热量也很可观。

✤✤✤减肥目标设立太高✤✤✤

✤减肥并不是目标，长久保持理想并健康的身体状态，才是值得追求的。为使现阶段不够理想的身材或身体状态改变，有必要采取合理的方式减肥，但如果想在短时间内大幅度减重，则必然要采取较为极端的方式，不仅反弹概率大，也会使身体健康受到严重损害，便失去了进行健康减重的身体基础。

✤✤✤暴饮暴食✤✤✤

✤暴饮暴食往往是因为压力，但通过这种方式化解压力，一来破坏身体状态的稳定，二来暴饮暴食之后的后悔情绪，会给心理造成更大的压力，于身于心都无益。克制暴饮暴食欲望也有方法，比如平时不要在家中囤积深加工类零食，如薯片、饼干、蛋糕等；并且培养一些其他减压方式，如看电影、唱卡拉 OK、逛街、运动等。

✤✤✤常常外食或叫外卖✤✤✤

✤快节奏生活下，很多人自己做饭的频率下降，去餐厅或小饭馆外食或吃外卖的概率大幅度增加。一般饭店为了保证色香味，会大量使用油和调味料，并且无法确保油的品质，稍有不慎，便摄入了过多饱和脂肪酸，甚至是反式脂肪酸，以及很多致癌物质。过重的调味也会使身体摄入过多钠盐，加重脏器负担，并且有些卫生质量堪忧的店家，对菜品施以浓重调味的主要目的，是为了掩饰食材的不新鲜甚至腐坏。因此，在条件允许的情况下，还是建议多做饭，或谨慎挑选外食餐厅和外卖店，尽量选择菜单上相对少油、少调味的菜品。

✤✤✤过度饮酒✤✤✤

✤酒精本身其实不会使人发胖，很多酒中含有的糖分，才是问题所在。尤其是加了甜味剂调和后的酒（如鸡尾酒等），或经谷物水果等发酵而成的酿造酒（如葡萄酒、啤酒等），都含有大量糖分，人在轻松饮用的过程中，不知不觉就摄入过量。但并非完全不能饮酒，只是应选择品质更好的酒，并控制饮用量，同时在下酒菜选择上，要注意避免碳水化合物类，可搭配维生素与矿物质含量丰富的食物，如海鲜、海藻类和蔬菜类等，有助于促进酒精与糖分代谢。

✤✤✤常吃油炸加工食品✤✤✤

✤首先，多数快餐店的油炸加工食品，为了长久保存不变质，会添加大量的添加剂。它们的高脂肪、高热量暂且不提，这些食物在深加工过程中，营养成分已基本被破坏殆尽，最终吃进体内的几乎只是添加剂；其次，市面上很多加工食品配料表里的植脂末、人造黄油、人造奶油、植物黄油、植物奶油等，其实都含有大量反式脂肪酸，在人体内很难消化，少量摄入对健康可能无严重影响，但摄入过量就会导致肥胖，同时还伴随一定的致癌性。要注意的是，许多食品包装上的营养标签中反式脂肪含量标示为 0，但配料表中却标有氢化植物油等，这是因为按照我国的《预包装食品营养标签通则》规定，食品中反式脂肪酸含量≤ 0.3g/100g 时，即可标示为 0。

✤✤✤睡前吃不健康的夜宵✤✤✤

✤尽量不要在睡觉前 4 小时内进食。但偶尔工作整晚，睡前饥饿在所难免，这时适当吃些夜宵并非不可，只是要有所选择。首先量要少一些，其次以蛋白质食材为主，碳水化合物和脂类食物尽量少吃，尤其应避免含有大量添加剂的加工类食品，如泡面。

✤✤✤吃过多甜食✤✤✤

✤有些人对甜食上瘾，吃起来便停不下来，这其实是因为甜食中过高的糖分，会一时间刺激体内胰岛素大量分泌，继而将血糖水平在短时间内大幅度降低，人体便会误以为自己仍需要糖，对糖愈发渴求，此种恶性循环如果一直持续，将会破坏胰岛素的正常分泌，继而引发糖尿病、高血糖等病症。更何况，糖与肥胖的关系众所周知。如果偶尔想吃甜品，不妨自己制作，一来方便控制糖的用量，二是可选择用一些替代材料，使甜品相对健康。购买的话，建议选择品质放心的手工甜品，添加剂较少。fin.

7 个身体革命必知关键词

你真的知道自己是胖是瘦？

金梦 / text & edit
Ricky / illustration

✶现代社会快节奏、高强度的生活方式，令不少人饮食不规律、外食外卖频率高、锻炼次数几乎为零、睡眠质量长期不佳。这种种不健康的生活习惯，使得肥胖在当今社会已经成为一个较为普遍、亟待解决的问题。近些年来，肥胖人群年龄段逐年递减，人数却逐年递增。病态的肥胖，其对立面并非是瘦骨嶙峋。因为病态肥胖并非仅指外在，一些体重正常、看似无身材问题的人，如果内脏脂肪指数偏高，其实也属于“肥胖”。如果从一开始就仅以外表瘦下来为目标，而盲目进行疯狂的节食与运动，其后果只会是暴瘦之后的体重反弹，正常的身体机能也将受到严重损害。✶所以，在盲目瘦身之前，不妨先了解一些与健康身体状态和饮食结构有关的关键词，先进一步认识自己的身体，明确“理想身材”的定义，再从中找到真正适合自己，且有益健康的改善方向。

Basal Metabolic Rate

✣✣✣ 基础代谢率✣✣✣

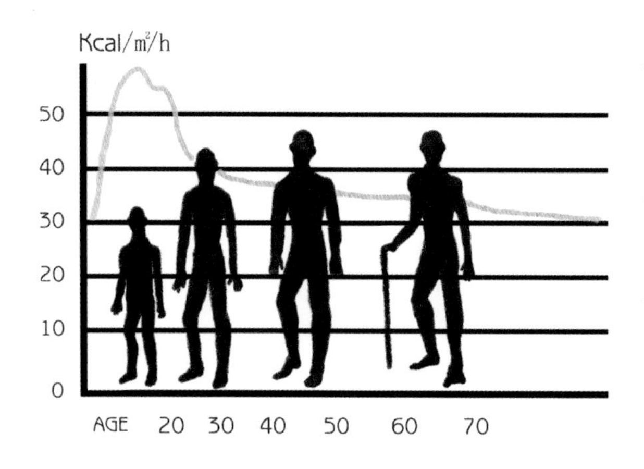

基础代谢率又被称作 BMR 指数，是指人体在清醒且不受任何外界因素影响下能量的代谢率，它是人体重要器官运作时所消耗的最低热量指数。正常情况下，人们的基础代谢率比较恒定，但会随着年龄增加而逐渐降低。所以，可以采用一些其他方法，来提高自己的代谢水平。

❶ 增加肌肉

✣人体的肌肉组织越多，燃烧的热量就越多，所以在多做有氧运动的同时，也要适度增加力量训练，这样代谢水平则会略高于平时。

❷ 摄入充足的蛋白质

✣相较于碳水化合物和脂肪，人体在消化吸收蛋白质时消耗的热量更多。

❸吃好三餐

✣不论是完全断食还是过度节食，都会使人体的正常新陈代谢紊乱，一旦饿久了，身体机能便会开启防御机制，从而自动降低每天的基础代谢率，也就是说，一旦恢复到正常饮食，由于你的基础代谢率已经下降，热量消耗自然也不如过去，便会容易复胖。所以，吃好三餐，或是少食多餐，才能维持住基础代谢率水平，保持一定的热量消耗。

❹充足睡眠

✣经常熬夜，或作息特别不规律的人，不仅容易衰老，健康也会受到损害。由于身体得不到充分的休息，各个器官“超负荷”运作，就会破坏人体的正常新陈代谢，导致基础代谢率下降。所以，保证充足的睡眠，是健康瘦身的关键。

Glycemic Index

✤✤✤ 升糖指数✤✤✤

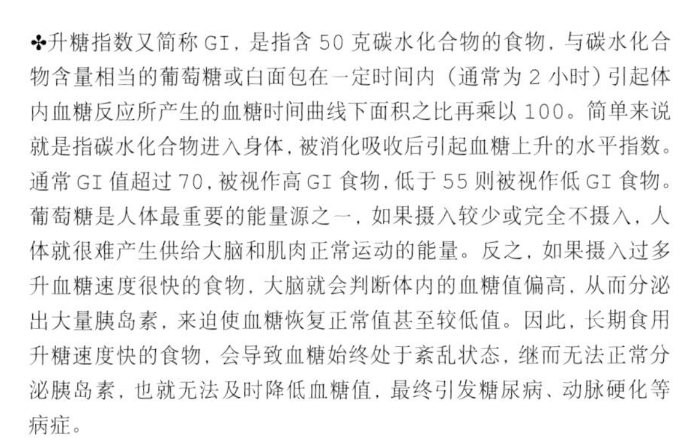

✤升糖指数又简称GI，是指含50克碳水化合物的食物，与碳水化合物含量相当的葡萄糖或白面包在一定时间内（通常为2小时）引起体内血糖反应所产生的血糖时间曲线下面积之比再乘以100。简单来说就是指碳水化合物进入身体，被消化吸收后引起血糖上升的水平指数。通常GI值超过70，被视作高GI食物，低于55则被视作低GI食物。葡萄糖是人体最重要的能量源之一，如果摄入较少或完全不摄入，人体就很难产生供给大脑和肌肉正常运动的能量。反之，如果摄入过多升血糖速度很快的食物，大脑就会判断体内的血糖值偏高，从而分泌出大量胰岛素，来迫使血糖恢复正常值甚至较低值。因此，长期食用升糖速度快的食物，会导致血糖始终处于紊乱状态，继而无法正常分泌胰岛素，也就无法及时降低血糖值，最终引发糖尿病、动脉硬化等病症。

✤一般认为，高GI食物升血糖速度快，低GI食物升血糖速度慢，所以高GI食物要尽量少吃，尽可能多吃低GI食物。其实不然。胡萝卜、山药等GI指数都高于70，按理来说皆属高GI食物，但其实它们并非升血糖速度快，问题是出在升糖指数计算公式：比如计算胡萝卜的升糖指数，就必须用含50克碳水化合物的胡萝卜在一定时间内引起血糖反应所产生的血糖时间曲线下面积，去除以相当量的葡萄糖在同等时间里产生的血糖时间曲线下面积，然后乘以100，也就是两条在同样时间区间内的升糖曲线下的面积之比。想象一下便知，升糖速度中等但稳定持平的食材，和升糖速度大起大落的食材相比，两条曲线下的面积其实可能相当，甚至后者面积更小。所以，并不是所有高GI食物都升糖很快，也并非所有低GI食物都升糖较慢，比如很多酒类，GI值出乎意料的低，但其实它们会令你的血糖骤升骤降。

Visceral Fat

✤✤✤ 内脏脂肪✤✤✤

✤内脏脂肪是人体脂肪的一种，与看得见、摸得着的皮下脂肪相反，内脏脂肪围绕着人体的脏器，主要存于腹腔之中。一定量的内脏脂肪是必需的，因为它可以对人的内脏起到支撑、保护的作用。但是一旦内脏脂肪超标，便会导致身体代谢紊乱、身体器官机能下降、肥胖等诸多症状，严重危害人体健康。所以，控制住内脏脂肪量才是瘦身之根本，只减皮下脂肪治标不治本，很容易反弹。

✤需要注意的是，不一定是肥胖人群的内脏脂肪才超标，有些看起来四肢纤细却有小肚腩的人士，他们的内脏脂肪很有可能也已经超标。而造成内脏脂肪过多的主要原因，便是饮食不均衡与不爱运动，解决办法就是要均衡膳食，多补充膳食纤维含量高的食物，多吃粗粮与蔬果，少摄入精细粮食，配合以适量运动更佳。

Body Mass Index

✤✤✤ 身体质量指数✤✤✤

✤身体质量指数又被称作BMI值，是指人体体重（公斤）除以身高（米）平方数所得到的比值，它是国际上一种衡量人体胖瘦程度和是否健康的标准之一。根据国际标准，BMI指数在18以下的一般被认为体重过轻，存在营养不良的风险；18.5~24.99是正常；25~28为过重；28~32则可以称为肥胖。由于BMI值没有将人体脂肪比例计算在内，所以存在片面性，例如一个运动员由于过度训练，导致他的肌肉占据体重的比重很大，因此他的BMI值有可能会超过30，但这并不能说明他是肥胖的，所以用BMI值来衡量一个人是否健康有一定偏差，但是它仍然可以作为普通人日常判断自我体重是否超标的参考标准。

Body Fat Percentage

✤✤✤ 体脂肪率✤✤✤

✤体脂肪率即指人体脂肪与体重的百分比，又称作 BFP 值。现在很多女性也开始追求马甲线、人鱼线等，都需要大幅度降低体脂肪率，但对女性来说，体脂肪率过低会导致体寒，重则会引起闭经、月经紊乱等症状。一般来说，女性的体脂肪率控制在 20%~25% 较佳，超过 25%，全身便会呈现出松弛状态；超过 35%，就要开始重视。对于男性来说，体脂肪率在 10%~18% 比较理想，高于 18% 就会出现发福之态，这时就要开始规范饮食与注意锻炼了。

✤虽然有很多可以计算体脂肪率的公式，但那些公式的结果都存在一定误差，并不精准，如果想充分了解自己的身体状况和体脂肪率，不妨去医院做一个全面检查，通过专业仪器进行测量，来判断自己的体脂肪率是否超标，从而理性调节身体状态。

Waist Hip Ratio

✤✤✤ 腰臀比✤✤✤

✤腰臀比即腰围和臀围的比值，也被称作 WHR，它是判断是否为向心性肥胖的重要指标之一。一般当男性 WHR 大于 0.9，女性 WHR 大于 0.8，就可被判断为是向心性肥胖。

✤向心性肥胖是指腰腹部肥胖较为严重的人群，这类人群通常很容易跟糖尿病、高血压、冠心病、高血脂这类疾病有关联。因此可以说，腰臀比不仅是衡量我们身材是否美观的标准之一，也是我们身体状态是否健康的风向标。

Intestinal Environment

✤✤✤ 肠道环境✤✤✤

✤肠道是人体消化管中最长的一段，也是功能最重要的一段。大量的消化作用和全部消化产物的吸收几乎都是在小肠内进行的，大肠主要浓缩食物残渣，形成废物之后排出体外。所以说肠道是保持人体健康的最主要器官之一也不为过。

✤但是由于肠道本身充满褶皱，很容易藏污纳垢，所以如果肠道环境不够健康，尤其是有益菌、有害菌和中性菌的菌种平衡遭到破坏的话，肠道自身的清理和免疫功能就会下降，肠道内部会堆积废物，发生腐败，甚至产生一些有害气体。譬如女性的小肚腩、"游泳圈"，男性的"啤酒肚"，还有放屁臭、口臭等表现，一定程度上皆因肠道内菌群受损、环境腐败所引起。

✤所以保证肠道环境健康，是打造理想身材与健康身体的基本。那么如何才能恢复肠道健康呢？首先，一定要保证充足的睡眠，可以的话，早晚做适当的腹部锻炼；再者便是补充充足的膳食纤维，以促进肠道正常蠕动，需注意的是，应将可溶性膳食纤维与不可溶性膳食纤维配合食用，可溶性膳食纤维含量较多的有海藻类、魔芋、一些蔬果等；不可溶性膳食纤维含量较多的是全谷类食材，如燕麦、糙米等。fin.

为什么这 12 种营养素如此重要?

减肥不能减健康

张奕超 / text & edit

✶减肥的同时，如果因营养不均衡，使得身体健康受损，身材变得再苗条也得不偿失。多种营养素的均衡摄入，才是有助于健康减肥的利器。知其然，亦知其所以然，方能掌握各种营养素对人体的功效所在。以下三种产能营养素及九种减肥必备营养素的相关知识，是每个减肥者必须掌握的。

Carbohydrate

✣✣✣ 碳水化合物 ✣✣✣

✣碳水化合物，其实也可以理解为糖，是人体的主要能量来源。除了为各个细胞供能，碳水化合物也是细胞和组织的构成部分。此外，人体中的大脑、神经系统和红细胞，几乎完全依赖血液中的葡萄糖来供应能量，因此人体的血糖浓度必须维持在一个稳定的范围，若血糖浓度过低，则可能导致抽搐或昏迷。碳水化合物还可以起到合成糖原并储存起来，保证能量供应的作用。由于蛋白质和脂肪的分解产能可能会产生代谢废物，将碳水化合物作为主要能量来源仍是必需的。不过，摄入多余的碳水化合物会在肝脏中合成脂肪，因此仍需控制摄入量。

Fat

✣✣✣ 脂肪 ✣✣✣

✣脂肪是人体重要的能量来源。人体能合成许多脂类物质，但是必须从食物中摄入亚油酸和 α- 亚麻酸等。脂肪还有助于脂溶性物质如胡萝卜素、维生素 A 等的吸收。另一方面，摄入过多脂肪也是引起肥胖的重要原因。很多人认为节食可以减脂，事实上，人体内脂肪的彻底分解功能需要碳水化合物的帮助。如果长期处于饥饿状态，或者不吃含淀粉食物，人体缺乏碳水化合物供应时，将会分解蛋白质来合成葡萄糖。因此，饥饿不仅消耗脂肪，还会大量消耗身体中的蛋白质。

Protein

✣✣✣ 蛋白质 ✣✣✣

✣蛋白质由氨基酸构成，食物中的蛋白质在人体中经消化分解为氨基酸，再为人体所用。由于人体需要的氨基酸种类很多，有些人体不能合成，因此在摄入富含蛋白质的食物时，既要保证总量足够，又要保证种类足够丰富。蛋白质在人体中作用很多，参与构建人体、合成酶、合成激素、调解酸碱平衡等，也可产热。人体能近乎无限地储存脂肪，以糖原形式储存少量碳水化合物，却不能储备蛋白质。缺乏蛋白质时则会使身体分解含有蛋白质的组织，使人身体变弱。而过多摄入蛋白质也会导致脂肪的增加。

✤ 九种基本营养素，助理想身材一臂之力 ✤

Potassium

✤✤✤ 钾 ✤✤✤

✤钾能够促进钠从尿中排出，因此可以一定程度上缓解因钠含量高引起的高血压。此外，人体缺乏钾会表现为肌肉无力、心律失常、胃肠道消化功能紊乱等。钾几乎存在于所有天然食品中，但肉、蛋、贝类等食物均含相当多的钠，蔬菜、水果和薯类、豆类等高钾低钠食品是钾的较好来源。

Magnesium

✤✤✤ 镁 ✤✤✤

✤镁参与葡萄糖、蛋白质和脂肪的代谢，还能帮助调解神经和肌肉的紧张度。如果镁摄入不足有可能会导致和引发食欲不振、关节痛、乏力等症状，还有可能加速细胞老化。镁对胃肠道也有作用，镁在肠道中减少肠壁张力，促进水分滞留，有利于排泄。豆类、坚果、粗粮、深绿色叶菜都是镁的好来源。

Vitamin C

✤✤✤ 维生素 C ✤✤✤

✤维生素 C 与铁、碳水化合物的利用，脂肪、蛋白质的合成，维持免疫功能有关。同时还具有抗氧化，抗自由基，与重金属离子结合从而解毒等作用。食物中的蔬果类含有较丰富的维生素 C，如西蓝花、西红柿、苦瓜、红薯、黄瓜、黄豆、白菜、芹菜、韭菜。

Zinc

✤✤✤ 锌 ✤✤✤

✤锌对维持体内多种酶和蛋白质的生物活性均具有重要作用。锌参与胰岛素的合成和释放，以及甲状腺激素的作用。缺锌时会导致味觉蛋白功能障碍，可能发生食欲不振，味觉异常等。膳食中的锌主要来源于蛋白质丰富的食物，如贝类、虾蟹、内脏、肉类、鱼类等。

Calcium

✤✤✤ 钙 ✤✤✤

✤钙是骨骼和牙齿的组成部分，成年人若摄入钙不足，便会出现骨质疏松。一些研究还发现，钙与正常体重的维持可能有关，钙摄入高的人不易肥胖，而来自乳制品的钙预防肥胖的作用最强。补钙之所以能增强减肥效果，其原因可能是多方面的，比如钙能够减少肠道对脂肪的吸收、帮助身体燃烧脂肪以及帮助人们控制食欲等。

Vitamin B

✤✤✤ B 族维生素 ✤✤✤

✤B 族维生素中的多种维生素都对减肥很有帮助。维生素 B_1 的作用包括维持体内正常代谢、促进肠胃蠕动等；维生素 B_2 则参与物质代谢、参与细胞正常生长；维生素 B_6 与体内多种代谢活动有关。维生素 B_1 最为丰富的来源是葵花子、花生、大豆粉、瘦猪肉；维生素 B_2 在动物内脏中含量最高；维生素 B_6 则广泛存在于动植物食物中，其中豆类、畜肉及肝脏、鱼类中含量较丰富。

Iron

✤✤✤ 铁 ✤✤✤

✤铁是人体的造血元素，是人体血液中运输和交换氧所必需的成分。铁参与血红蛋白、细胞色素及各种酶的合成，能促进造血、能量代谢、生长发育。缺铁会降低细胞新陈代谢率，从而导致注意力不集中、容易疲乏、抵抗力下降等。铁的最佳食物来源是富含血红素铁的红色内脏和肉类。

Vitamin A

✤✤✤ 维生素 A ✤✤✤

✤维生素 A 对眼睛有益，还可调节表皮及角质层新陈代谢，抗衰老，预防肥胖。充足的维生素 A 能让皮肤变得富有弹性，整个人看起来更有紧实感。维生素 A 的最有效食物来源是动物性食品，如肝脏、鱼肝油、全脂牛奶、奶酪、多脂的海鱼等。绿色和黄色的蔬菜和水果富含类胡萝卜素，其中部分类胡萝卜素在人体内具有维生素 A 活性，但需与脂肪一同进行吸收。

Dietary Fiber

✤✤✤ 膳食纤维 ✤✤✤

✤膳食纤维有利于食物消化，膳食纤维能增加食物在口中咀嚼的时间，可促进肠道消化酶分泌，同时加速肠道内物质的排泄，这些都有利于食物的消化吸收。膳食纤维有很强的吸水能力或结合水的能力，可增加胃内容积而增加饱腹感，从而减少摄入的食物和能量，有利于控制体重，防止肥胖。富含膳食纤维的食物有很多，有大麦、小麦、燕麦、蘑菇、木耳等。fin.

你真的了解脂肪吗?

脂肪并非“大魔王”

李晓彤 / text & edit

✴提起“脂肪”，人们的认知往往停留在“脂肪 = 油 = 发胖”的印象上，甚至还会联想到糖尿病、高血压、高血脂等疾病。事实上，脂肪是形成细胞膜与激素的重要物质，是保障人体热量的主要组成部分。一味追求瘦身而完全不摄取脂肪，或脂肪摄取量不足的人，会出现皮肤干燥、体质变差等现象。脂肪的种类繁多，固然存在我们需要避开的脂肪，也有我们必需的脂肪。“取其精华，去其糟粕”，或许正是我们对待脂肪应有的态度。✴脂肪由甘油和脂肪酸结合而成。从微观上看，甘油的分子比较简单，而脂肪酸的种类和长短[1]却不尽相同。换句话说，即脂肪的性质和特点主要取决于脂肪酸。全面了解脂肪酸，会帮助我们在摄取脂肪这一选择题中找到正确答案。✴脂肪酸分为饱和脂肪酸和不饱和脂肪酸。饱和脂肪酸大多含于动物的脂肪中，常温下为固体。加热后也会有一定的固态残留。不饱和脂肪酸则大多含于植物与鱼类的脂肪中，常温下为液态。不饱和脂肪酸又根据双键[2]的个数不同而分为单不饱和脂肪酸（OMEGA-9）和多不饱和脂肪酸。根据双键的功能和位置不同，多不饱和脂肪酸又通常分为 OMEGA-6 和 OMEGA-3 两种类型。

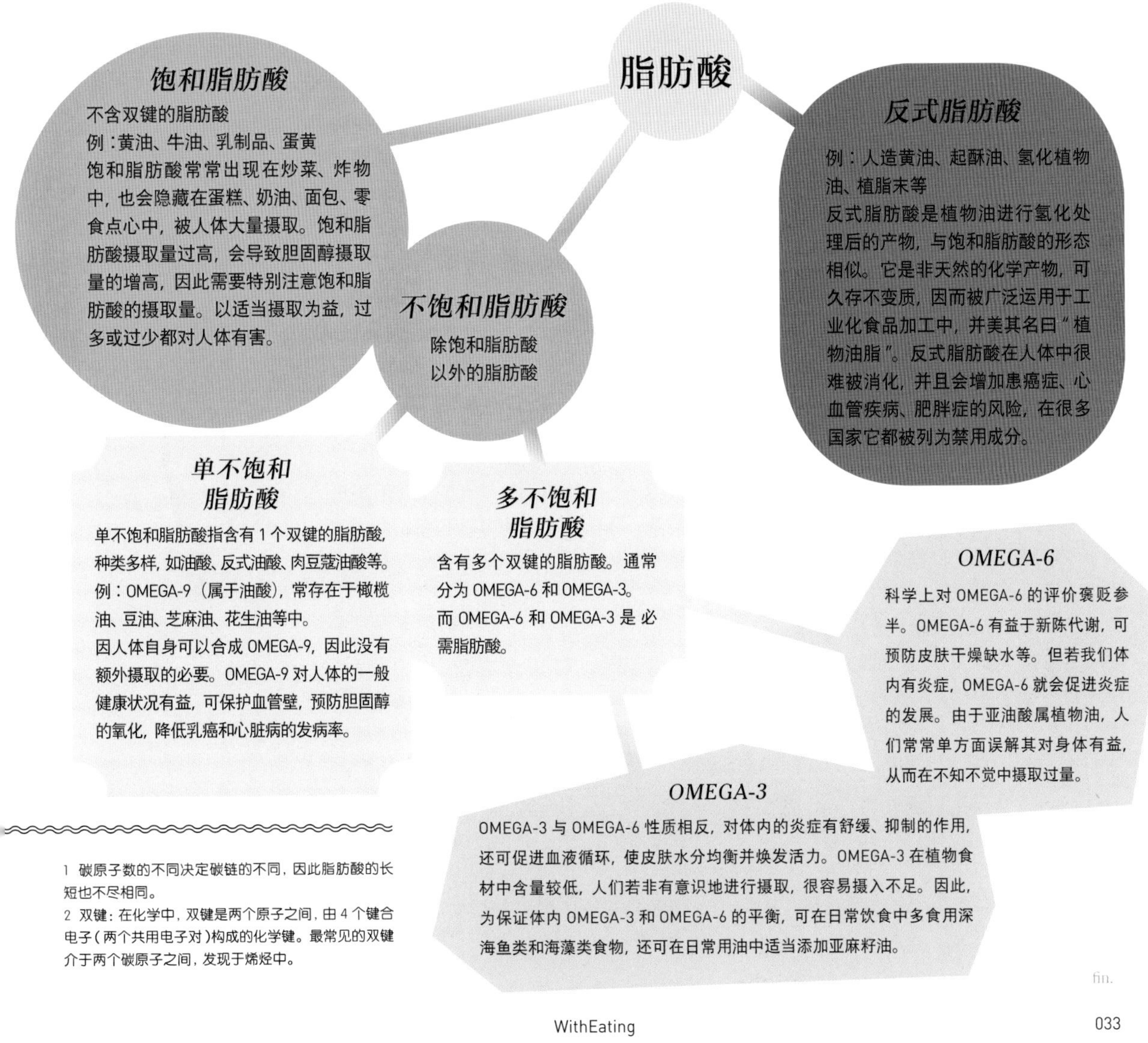

脂肪酸

饱和脂肪酸

不含双键的脂肪酸

例：黄油、牛油、乳制品、蛋黄

饱和脂肪酸常常出现在炒菜、炸物中，也会隐藏在蛋糕、奶油、面包、零食点心中，被人体大量摄取。饱和脂肪酸摄取量过高，会导致胆固醇摄取量的增高，因此需要特别注意饱和脂肪酸的摄取量。以适当摄取为益，过多或过少都对人体有害。

反式脂肪酸

例：人造黄油、起酥油、氢化植物油、植脂末等

反式脂肪酸是植物油进行氢化处理后的产物，与饱和脂肪酸的形态相似。它是非天然的化学产物，可久存不变质，因而被广泛运用于工业化食品加工中，并美其名曰“植物油脂”。反式脂肪酸在人体中很难被消化，并且会增加患癌症、心血管疾病、肥胖症的风险，在很多国家它都被列为禁用成分。

不饱和脂肪酸

除饱和脂肪酸以外的脂肪酸

单不饱和脂肪酸

单不饱和脂肪酸指含有 1 个双键的脂肪酸，种类多样，如油酸、反式油酸、肉豆蔻油酸等。

例：OMEGA-9（属于油酸），常存在于橄榄油、豆油、芝麻油、花生油等中。

因人体自身可以合成 OMEGA-9，因此没有额外摄取的必要。OMEGA-9 对人体的一般健康状况有益，可保护血管壁，预防胆固醇的氧化，降低乳癌和心脏病的发病率。

多不饱和脂肪酸

含有多个双键的脂肪酸。通常分为 OMEGA-6 和 OMEGA-3。而 OMEGA-6 和 OMEGA-3 是必需脂肪酸。

OMEGA-6

科学上对 OMEGA-6 的评价褒贬参半。OMEGA-6 有益于新陈代谢，可预防皮肤干燥缺水等。但若我们体内有炎症，OMEGA-6 就会促进炎症的发展。由于亚油酸属植物油，人们常常单方面误解其对身体有益，从而在不知不觉中摄取过量。

OMEGA-3

OMEGA-3 与 OMEGA-6 性质相反，对体内的炎症有舒缓、抑制的作用，还可促进血液循环，使皮肤水分均衡并焕发活力。OMEGA-3 在植物食材中含量较低，人们若非有意识地进行摄取，很容易摄入不足。因此，为保证体内 OMEGA-3 和 OMEGA-6 的平衡，可在日常饮食中多食用深海鱼类和海藻类食物，还可在日常用油中适当添加亚麻籽油。

fin.

1　碳原子数的不同决定碳链的不同，因此脂肪酸的长短也不尽相同。

2　双键：在化学中，双键是两个原子之间，由 4 个键合电子（两个共用电子对）构成的化学键。最常见的双键介于两个碳原子之间，发现于烯烃中。

酵素真有这么神奇?

还在相信排毒这回事?

李晓彤 / text

✶全民瘦身的时代,“排毒清脂”一词在不知不觉间成了街头巷尾热议的话题。近年来,越来越多的人开始意识到健康瘦身的重要性。一时间,号称“30天有效排毒”、“天然发酵水果瘦身”、“清脂神话”的酵素产品风靡全国。自制水果酵素的人也不在少数。✶人们在掏出钱包购买酵素或自制酵素之前,是否曾产生过这样的疑惑:酵素究竟是什么?服用酵素真的会产生瘦身效果吗?促使酵素发生作用的原理是什么?针对这些疑惑,我们来深度探讨一下酵素产品和自制酵素的本质,揭开酵素的神秘面纱。

❍“酵素”,虽说是这几年才流行起来的词语,但它其实并非什么新鲜事物。所谓的酵素其实就是“酶”。“酶”的英文是“enzyme”,中文旧称是“酵素”,并且现代日本也将它称为“酵素”。

❍酶是一类可以催化或负催化某些特定化学反应的生物大分子。根据不同作用,大体可将酶分为六类:氧化还原酶类、转移酶类、水解酶类、裂合酶类、异构酶类,以及合成酶类。由于酶的催化与反催化作用会受其他分子及多种因素的影响,因此它的作用建立在一定的结构基础之上,否则很容易导致酶活性丧失。

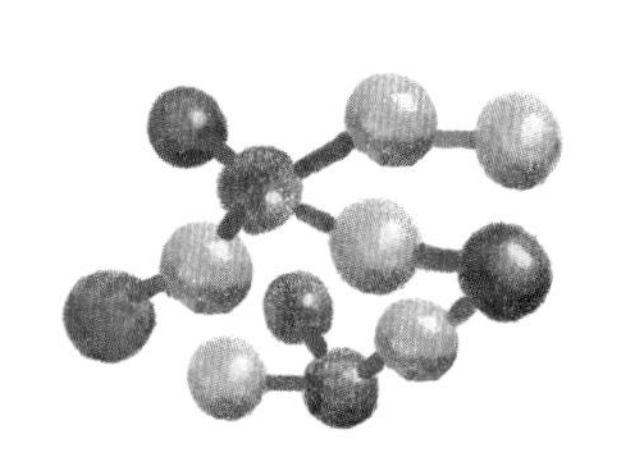

❍酶的实体主要是蛋白质。人们通过饮食所摄取的蛋白质,必须在胃蛋白酶的作用下水解成氨基酸。水解的氨基酸又会在其他酶的作用下,选择出部分必需的氨基酸,然后按照一定的顺序重新结合,形成人体所需的各种蛋白质。从人体服用酶到其为人体所吸收的过程中,发生了许多复杂的化学反应。换句话说,人体吸收的酶会在蛋白酶和其他酶的作用下,发生变性或者分解,极有可能失去原本的活性,转化成其他物质。

❍而打着“清脂酵素”旗号的酵素产品,不外乎是以口服液或固体颗粒的形式出现。盐浓度、温度等因素的不同,都可能导致酶发生变性。因此,这些以口服形式为人体摄取的酵素产品,即便果真存在着燃脂清脂的作用,然而当它们经历了唾液、胃酸等物质的洗礼之后,很可能就变成了另外一种形式。退一万步来说,即使这些酵素产品突破重重考验抵达人体内,如何保证这些各司其职的酵素产品能到达指定的目的地呢?丰胸酵素如何恰巧到达胸部?“排毒”酵素如何恰巧到达肠胃?

❍我们应该知道的是:这种有生物活性的蛋白质会不断地进行自我更新,促进生物体内极其复杂的代谢活动有条不紊地进行下去。因此,对于身体健康的人来说,口服某一种具有特定作用的酶,并不意味着这种酶就会在人体内发挥出它被期待的特定作用。

❍那么,现在广为流传的自制蔬果酵素法,究竟是否可取?

❍水果蔬菜种类不论,欲达功效不计。整体来说,自制蔬果酵素的做法不外乎如下:在干净的容器内,铺上一层砂糖,再铺上一层蔬果,再铺砂糖,再铺蔬果。如此反复,最后顶层为砂糖,盖上盖子密封,等待两周即可。取出泡水饮用,味道酸甜可口。

❍由此,“水果酵素”中的“酵素”为何物呢?如前文所说,酶的主要成分是蛋白质,而从植物(蔬果)中释放出来的酶与其他蛋白质一样,可被视作一种营养物质,很快就会被微生物分解吸收。残存的酶,或为微生物活动后分泌的酶,或是微生物死亡后释放的酶。因此“水果酵素”中酶的实际含量微乎其微。换句话说,若想吸收更多的蛋白质,不如直接吃掉那些水果食材来得更快。

❍此外,我们从酵素制法中可发现:在自制水果酵素这一过程中,普通人很难掌握好浓度和摄入量,极易出现热量超标的情况。另一方面,如何解决容器的杀菌消毒问题,以及储存过程中滋生细菌的问题,也很值得商榷。

❍酵素,一个神秘又时髦的名字。人们或购买,或手作,趋之若鹜,争相追逐。如今我们揭开它的层层面纱,终于了解到它的本质。生活中,类似“清脂酵素”这种将普通的分子物质商业化的产品比比皆是,层出不穷。在各类商家花言巧语与网络谣言的包围之下,我们需要以辩证、理性的思维方式,在方法论面前究其本质,才会找到促进新陈代谢、减脂增肌、塑造理想身材的真正捷径。fin.

Chapter 3

因为你没有吃对！

专访 ········ ✕吴充

健身路上，一顿饭都不能少

设计师的理想身材早餐计划

张奕超 / interview & edit　吴充 / photo courtesy　营养信息 / 热量 碳水化合物 脂肪 蛋白质

✶底色纯白，食材多样，是吴充的早餐图给人的第一印象。吴充每天在网上分享自己的不重样早餐，未曾间断。通过健康饮食和适量锻炼，他从体重78公斤，成功减至64公斤，更收获了八块腹肌。

○吴充大学毕业后工作繁忙，无暇运动，加之饮食不注意，一点点胖了起来。2013年年底，他每天早起跑步，但早餐常是油条和豆腐脑，晚上夜宵不断，减肥计划宣告失败。

○2014年年初，吴充逐渐了解到健康饮食对减肥的重要性。他的饮食理念是：每餐都必须吃，多吃高蛋白低脂肪食物，不吃高热量高脂肪食物，三餐分量依次递减。于是，原本不会做饭的吴充上网查食谱，学做早餐，三个月便减重10公斤，他的妻子则减重20公斤。夫妻二人平日里午餐、晚餐都在公司解决，早餐的影响这么大？吴充解释道："午餐、晚餐外食的话，挑健康的吃即可，比如吃份盖饭，又不想吃素的，选择芹菜肉丝盖饭，就比鱼香肉丝好得多，后者含大量油和糖。"

○2014年9月，吴充启动了"365天早餐不重样"计划，每日上传自己的早餐图，没有一餐重复。"因为想激励自己坚持下去，让早餐和健身融入我的生活。"他每天7点起床，运动半小时后开始做早餐。早上的运动将跳绳、俯卧撑等动作结合，中间无间歇；晚上则是无氧练习和HIIT（高强度间歇性训练），隔天做一小时力量练习。

○同样一份早餐，有人评论分量太多，有人却说吃不饱。吴充建议可按个人需求定分量，在选择健康食物的前提下，保证自己吃饱。面对很多人都有的缺乏毅力问题，吴充则用自己的经验作答："我的原则是一切以开心为前提，每一顿饭都吃。我从来不会虐待自己，吃水煮鸡胸什么的，这样身材再好也不会快乐。运动适量就好，这样才能把它融入自己的生活，才能坚持下来。"

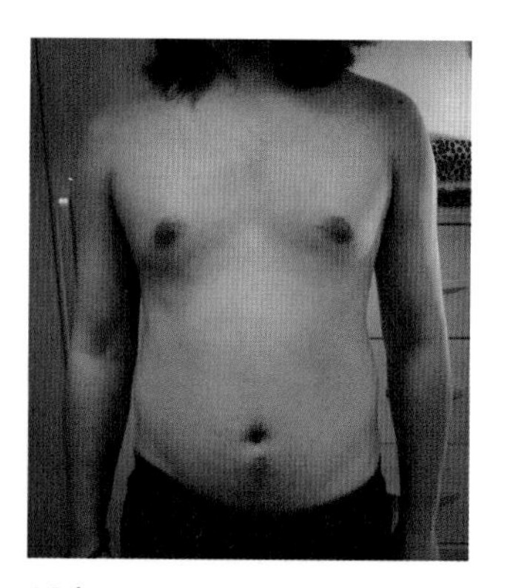

● Before
体重：78公斤
体脂率：25%

● After
体重：64公斤
体脂率：17.3%

PROFILE

吴充（微博 @ChargeWu）
UI/UE设计师，2014年9月开始"365天早餐不重样"计划。

✤ 吴 充 的 一 周 早 餐 食 谱 ✤

周一 Monday

营养信息▸▸▸▸ / 665.5 千卡 / 93.2 克 / 19.0 克 / 29.6 克

食材 ▸▸▸▸ *A* ✤桂圆软欧面包 /3 片✤里脊火腿 /9 片✤罗勒叶 /3 片✤花生酱 / 适量

B ✤樱桃番茄 /2 颗✤紫叶生菜 /3 片✤芝麻菜 /1 小把✤白芦笋 /2 根✤水煮蛋 /1 个

C ✤希腊酸奶 / 适量✤白葡萄酒醋 / 适量✤欧芹碎 / 适量✤蒜末 / 适量

D ✤酸奶 /200 克✤麦麸麦片 / 适量✤草莓 /2 颗✤覆盆子 /3 颗

做法 ▸▸▸▸ ❶软欧面包上抹花生酱，与 A 中食材一起装盘。❷白芦笋焯水 1 分钟，与 B 中食材一起装盘。❸ 将 C 中食材调和成沙拉酱。❹酸奶中加入麦麸麦片、草莓、覆盆子即可。

周二 Tuesday

营养信息▸▸▸▸ / 426.0 千卡 / 61.3 克 / 11.9 克 / 18.4 克

食材▸▸▸▸ *A* ✤米饭 /50 克✤青豆 /15 克✤彩椒（红）/15 克✤彩椒（黄）/15 克✤洋葱 / 适量✤蒜 /3 瓣✤黑胡椒粉 / 适量✤盐 / 少许✤鸡精 / 少许✤橄榄油 / 少许

B ✤香芹 /1 小把✤鸡蛋 /1 个✤酸黄瓜 /5 片✤樱桃番茄 /2 颗

C ✤番茄酱 / 少许✤辣椒酱 / 少许✤鱼露 / 少许✤糖 / 少许✤柠檬汁 / 少许✤水 / 少许

D ✤脱脂牛奶 /200 克✤ Weet-Bix 燕麦棒 /1/3 块✤可可脆脆米 / 少许

做法▸▸▸▸ ❶米饭拌散，青豆焯熟，彩椒、洋葱切丁，2 瓣蒜切片，1 瓣蒜切末。❷用橄榄油将蒜片炒香，倒入米饭炒散，加入 A 中其他食材，翻炒片刻，装盘。❸ 鸡蛋煎熟，与 B 中食材一起装盘。❹将 C 中食材调和成甜辣酱。❺将燕麦棒掰碎，与脆脆米一起加入脱脂牛奶中即可。

周三 Wednesday

营养信息 ▸▸▸▸ / 668.5 千卡 / 80.4 克 / 23.5 克 / 34.0 克

食材 ▸▸▸▸ *A* ✤谷物短棍面包 /3 片✤牛油果 / 半个✤西红柿 /2 片✤香菇 /1 朵✤芦笋 /2 根

B ✤香芹 /1 小把✤彩椒(红) /1 小块✤彩椒(黄) /1 小块✤黑橄榄 /1 个✤菲达奶酪 / 少许

C ✤鸡胸肉 /1 块✤料酒 / 少许✤淀粉 / 少许✤盐 / 少许✤黑胡椒粉 / 适量

D ✤苹果醋 / 少许✤意大利黑醋 / 少许✤蜂蜜 / 少许✤柠檬汁 / 少许

E ✤橄榄油 / 少许✤鸡蛋 /1 个✤橙子 /1 个

做法 ▸▸▸▸ ❶芦笋、香芹切段，香菇切片，焯水 1 分钟，黑橄榄、牛油果切片，彩椒切条，菲达奶酪切块。❷将 B 中食材拌匀，与 A 中食材一起装盘。❸鸡胸肉洗净，划几刀，与 C 中其他食材拌匀，腌 10~20 分钟。❹热锅加橄榄油，放入鸡胸肉，盖锅盖，中高火每面煎 1 分钟，出锅切条。❺鸡蛋打成蛋液，加少量盐，入锅炒熟。❻将 D 中食材调和成沙拉汁；橙子榨橙汁装杯即可。

周四 Thursday

营养信息▸▸▸▸ / 438.5 千卡 / 64.6 克 / 10.4 克 / 24.5 克

食材 ▸▸▸▸ *A* ✤乌冬面 /80 克✤虾 /2 只✤鱼丸 /1 颗✤鱼豆腐 /1 块✤蟹柳 /1 根

B ✤西蓝花 / 适量✤口蘑 /1 个✤胡萝卜 /4 片✤玉米粒 / 适量

C ✤水煮蛋 /1 个✤洋葱 /1 小块✤蒜 /2 瓣✤橄榄油 / 少许✤盐 / 少许✤鸡精 / 少许

D ✤西瓜 /4 球✤草莓 /2 个✤樱桃 /3 颗✤白黄瓜 /3 片✤萝卜小菜 / 适量✤扁桃仁 /8 粒

做法 ▸▸▸▸ ❶蟹柳切半，口蘑、蒜切片，洋葱切块。❷将 B 中食材焯熟待用。❸用橄榄油将洋葱和蒜片炒香，倒入适量水烧开，放入 A 中食材，加盐、鸡精，煮 3~5 分钟，盛入碗中，摆入 B 中食材和水煮蛋。❹将 D 中食材装盘即可。

周五 Friday

营养信息 ▸▹▸▹ / 560.1 千卡 / 60.2 克 / 20.9 克 / 33.4 克

食材 ▸▹▸▹ *A* ✤全麦吐司 /1 片✤花生酱 / 适量✤生菜 /2 片✤西红柿 /2 片✤黄瓜 /6 片✤低脂芝士 /1 片✤瘦火腿 /2 片

B ✤鸡蛋 /1 个✤橄榄油 / 少许✤香葱碎 / 适量

C ✤黄金奇异果 / 半个✤樱桃 /2 颗

D ✤酸奶 /200 克✤自制麦片 / 适量✤蜜红豆 / 少许

做法 ▸▹▸▹ ❶全麦吐司上抹花生酱，依次摆入 A 中剩余食材。❷将鸡蛋煎熟，放在吐司上，撒少许香葱碎。❸ 黄金奇异果切片，与樱桃一起装盘。❹将自制麦片和蜜红豆加入酸奶即可。

周六 Saturday

营养信息 ▸▸▸▸ / 774.7 千卡 / 64.3 克 / 37.9 克 / 44.1 克

食材 ▸▸▸▸ *A* ✤意大利面 /50 克✤牛油果 / 半个✤芦笋 /4 根✤樱桃番茄 /3 个✤菲达奶酪 / 适量

B ✤蒜 / 半头✤罗勒叶 /5 片✤黑胡椒粉 / 适量✤盐 / 适量✤橄榄油 / 少许

C ✤生菜 /2 片✤紫甘蓝 /1 片✤扁桃仁 /3 颗✤蓝纹奶酪 / 适量✤迷你胡萝卜 /1 根

D ✤脱脂牛奶 /500 克✤ Weet-Bix 麦片 /1/3 块✤瘦火腿 /2 片✤水煮蛋 /1 个

E ✤火龙果 /1 片✤西瓜 /4 球✤黄桃 / 半个✤桃子 / 半个✤覆盆子 /3 颗

做法 ▸▸▸▸ ❶芦笋和迷你胡萝卜焯水 1 分钟。❷取两瓣蒜压成蒜泥，剩余的蒜、迷你胡萝卜切片，扁桃仁、菲达奶酪、罗勒叶切碎，生菜、紫甘蓝撕块，芦笋切段，樱桃番茄切半，蓝纹奶酪、黄桃、桃子切块。❸ 将 C 中食材拌匀，与火腿、水煮蛋一起装盘。❹牛油果芦笋意面：水煮开后下意大利面煮熟；将牛油果捣成酱，加蒜泥、罗勒碎、适量黑胡椒粉和盐、100 克牛奶拌匀；蒜片用橄榄油炒香，倒入 200 克牛奶、菲达奶酪碎，炒成汁，倒入调好的牛油果酱，拌炒后加意面、芦笋和樱桃番茄，搅拌均匀。❺将麦片掰碎放入剩余牛奶中。❻将 E 中食材装盘即可。

周日 Sunday

营养信息▸▸▸▸ / 780.0 千卡 / 71.4 克 / 35.6 克 / 43.5 克

食材 ▸▸▸▸ *A*✤水果软欧面包 /2 片✤牛油果 / 半个✤烟熏三文鱼 /1 片✤莳萝 /1 片✤芦笋 /3 根✤甜豆 /3 个✤迷你胡萝卜 /3 根✤樱桃番茄 /2 颗✤紫叶生菜 /3 叶✤迷你胡萝卜叶 /1 小把

B ✤鸡蛋 /2 个✤淀粉 / 少许✤香菜 / 少许✤小香葱 /1 根✤黑胡椒粉 / 少许

C ✤干紫菜 / 适量✤盐 / 少许✤鸡精 / 少许

D ✤橄榄油 / 少许✤苹果醋 / 少许✤红酒醋 / 少许✤洋葱碎 / 少许✤蓝纹奶酪碎 /5 克

做法 ▸▸▸▸ ❶芦笋、甜豆、迷你胡萝卜焯熟(甜豆 5 分钟，其他 1 分钟)。❷取 1 根迷你胡萝卜切丁，牛油果切片，小香葱切碎。❸ 牛油果撒黑胡椒粉、部分香葱碎，与 A 中食材一起装盘。❹烧一小锅水，将两个鸡蛋分别打成两份蛋液待用。水开后加入 C 中食材，淀粉调水后倒入，煮 1 分钟后转小火，缓慢倒入一份蛋液，边倒边用筷子在汤中快速搅拌，倒完关火。将蛋汤盛入碗中，撒香菜和剩余香葱碎。❺另一份蛋液加少量盐，炒熟装盘。❻将 D 中食材调和成沙拉汁即可。

专访 ········ ✕张滨

正是健身，让我变成一个厨男

健身厨男的理想身材午餐计划

张奕超 / interview & edit　张滨 / photo courtesy　营养信息 / 热量 碳水化合物 脂肪 蛋白质

✷“健身厨男”这个名字，概括了博主张滨的三个特性：爱健身，爱下厨，性别男。因为做法快手好学，食材简单易得，既营养又能瘦身，张滨的食谱帮助了许多想瘦身的人。而张滨本人开始健身和下厨的原因，却是太瘦。

❍张滨自小身体瘦弱，173厘米的个头，体重保持在50公斤出头，还总生病。大学毕业后，由于患慢性咽炎，张滨对外卖餐十分敏感，总觉得喉咙不适。2013年年中，张滨在网上关注了一位通过健康饮食和运动，改善慢性咽炎的营养师，受她的亲身经历影响，张滨终于战胜惰性，买来餐具和厨具，学习做饭。

❍2014年7月，因为在网上分享自己的食谱而获关注，张滨受邀为一个专业健身机构做营养配餐。同时，他也学习了系统的健身锻炼，练五天休息一天，每天分别练胸、背、肩、手臂和腿等五大肌肉群，配合营养的增肌餐，两个月内从原本的53公斤，增重了7.5公斤。

❍健身和烹饪让张滨收获了更好的身体。为了帮助更多的人，张滨常分享自己原创的增肌减脂食谱。他爱用土豆、鸡蛋、牛奶、鸡胸、糙米等容易购得、性价比高的健康食材制作菜肴，保证营养均衡，少油少盐，又不牺牲口味。在做法和厨具选择上，他会尽量选择最简单的，好几道食谱只需用一个电饭锅即可完成。

❍在张滨看来，既要管住嘴，也要迈开腿，健身与饮食对获得理想身材都很重要。

PROFILE

张滨
@健身厨男，健身、烹饪爱好者，在网上分享简单又快手的健康食谱。

✣ 张滨的一周午餐食谱 ✣

周一

Monday

时蔬鸡肉卷

for 2 persons

营养信息

/ 618.5 千卡

/ 70.5 克

/ 21.3 克

/ 51.1 克

食材

香煎滑嫩鸡胸肉

✣鸡胸肉 /150 克
✣盐 / 适量
✣黑胡椒粉 / 适量
✣生抽 / 适量
✣淀粉 / 适量
✣油 / 适量

时蔬鸡肉卷

✣快熟燕麦 /40 克
✣全麦粉 /30 克
✣鸡蛋 /1 个
✣牛奶 /125 毫升
✣香煎滑嫩鸡胸肉 /150 克
✣生菜 /2 片
✣彩椒 / 半个
✣黄瓜 /1/3 个
✣胡萝卜 /1/3 个
✣甜面酱或番茄酱 / 适量

做法

香煎滑嫩鸡胸肉

❶将鸡肉切成两块，与盐、黑胡椒粉、生抽和淀粉拌匀，腌制 15 分钟左右。

❷大火热不粘锅（普通锅具可刷一层薄薄的油），放入鸡胸肉，加盖后转中火，每面煎两分钟即可。

时蔬鸡肉卷

❶蔬菜、鸡胸肉切条待用。❷快熟燕麦磨粉（也可用刀稍稍切碎），与全麦粉、鸡蛋和牛奶搅拌均匀，若太稠可加适量牛奶。❸舀一勺面糊倒入不粘锅中，小火煎至两面金黄，即可出锅。❹取一张饼，铺上蔬菜，抹适量甜面酱或番茄酱，放鸡胸肉条，最后将饼卷起即可。

周二

Tuesday

喷香牛肉焖糙米饭

for 2 persons

营养信息

/796.3千卡

/142.4克

/6.5克

/42.2克

食材

✣牛肉 /120 克
✣糙米 /150 克
✣洋葱 /1/4 个
✣胡萝卜 /1/3 个
✣小土豆 /2 个
✣干香菇 /3 朵
✣酱油 / 适量
✣蚝油 / 适量
✣黑胡椒粉 / 适量
✣油 / 适量
✣盐 / 适量

做法

❶牛肉切小块，与酱油、蚝油、黑胡椒粉、油拌匀，腌制 30 分钟以上。❷洋葱切条，土豆、胡萝卜切丁待用。❸冷锅入油，烧至八成热，加牛肉大火快速翻炒 1~2 分钟，断生即可盛起待用。❹将洋葱倒入锅中炒软，加土豆、胡萝卜翻炒，最后加入牛肉，加盐、酱油、蚝油调味，翻炒均匀后倒入电饭锅的糙米（糙米预先浸泡 2~3 小时）中。❺加水没过食材，将洗净的干香菇切丁后加入，盖锅盖，按“煮饭”档，待跳至“保温”档后焖一会儿即可出锅。

周三
Wednesday

杂蔬海苔土豆卷

for 2 persons

营养信息
- /435.0千卡
- /55.0克
- /13.9克
- /22.6克

食材
- 土豆 /1 个
- 鸡蛋 /2 个
- 小黄瓜 /1 个
- 胡萝卜 /1/2 个
- 火腿肠 /1 根
- 生菜 /4 片
- 海苔 /2 张
- 盐 / 适量
- 黑胡椒粉 / 适量
- 番茄酱 / 适量

做法

❶土豆去皮、切块、蒸熟，压成泥，加盐和黑胡椒粉调味。❷将小黄瓜、胡萝卜、火腿肠、生菜切成长条。❸鸡蛋加盐搅匀，用不粘锅煎成蛋皮，可煎 2 份。❹将海苔铺在寿司卷席上，抹土豆泥，铺蛋皮，放生菜、黄瓜、胡萝卜、火腿肠，挤番茄酱，卷起切段即可。

周四
Thursday

红薯鸡胸蔬菜沙拉

for 1 person

营养信息
- /553.5千卡
- /59.8克
- /23.1克
- /26.6克

食材
- 红薯 /200 克
- 鸡胸肉 /80 克
- 西红柿 /140 克
- 生菜 /120 克
- 鸡蛋 /1 个
- 沙拉酱 /15 克

做法

❶将红薯蒸熟，鸡胸肉按“香煎滑嫩鸡胸肉”食谱煎好待用，鸡蛋煮熟。❷将生菜切碎后铺在底层，红薯、鸡胸肉、西红柿、鸡蛋分别切丁铺在生菜表面，挤上沙拉酱即可。

周五
Friday

电饭锅杂蔬煲鸡胸

for 2 persons

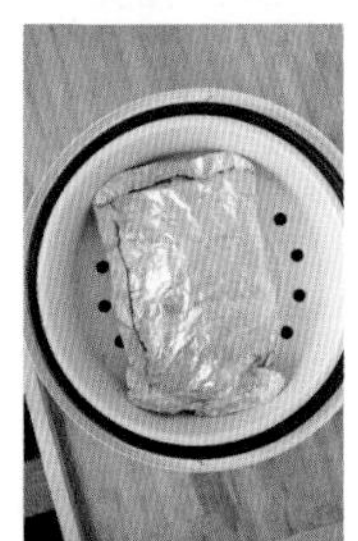

营养信息
- /753.2千卡
- /122.0克
- /11.2克
- /41.1克

食材
- 鸡胸肉 /150 克
- 干香菇 /3 朵
- 胡萝卜 /40 克
- 甜椒 / 半个
- 黑木耳 /2 朵
- 金针菇 / 适量
- 盐 / 适量
- 黑胡椒粉 / 适量
- 酱油 / 适量
- 蚝油 / 适量
- 料酒 / 适量
- 淀粉 / 适量
- 油 / 适量
- 糙米 /50 克

做法

❶鸡胸肉切条，加盐、黑胡椒粉、酱油、蚝油、料酒、淀粉、油，搅拌均匀，腌制 20 分钟。❷将泡发好的干香菇、甜椒、胡萝卜和黑木耳切丝，与鸡胸肉、金针菇搅拌均匀。❸用锡纸将鸡胸肉和蔬菜包好。将锡纸对折，边缘折起，以便锁住水分。❹将锡纸包放入电饭锅蒸屉，与糙米同煮，待电饭锅跳至“保温”档即可。

周六

Saturday

全麦吐司蔬菜沙拉

for 2 persons

营养信息 ▸▸▸▸

/423.5千卡

/42.3克

/21.3克

/15.7克

食材 ▸▸▸▸

✤全麦吐司 / 2 片
✤鸡蛋 / 1 个
✤圣女果 / 8 颗
✤芦笋 / 2 根
✤黄瓜 / 1/4 根
✤酸奶 / 15 克
✤葵花子 / 15 克
✤葡萄干 / 10 克
✤橄榄油 / 适量
✤孜然 / 适量
✤凉拌醋 / 适量
✤盐 / 适量

做法 ▸▸▸▸

❶鸡蛋打散，加盐调味。将全麦吐司的两面都蘸满蛋液。❷中小火热不粘锅（普通锅具可刷一层薄薄的油），将吐司两面煎至金黄。同时也将芦笋煎熟。❸将煎好的全麦吐司切丁。将芦笋切段，圣女果切半，黄瓜切丁，加橄榄油、孜然、凉拌醋拌匀。❹将拌好的蔬菜和鸡蛋吐司混合装盘，淋上酸奶，撒上葡萄干和葵花子即可。

周日

Sunday

电饭锅什锦焖饭

for 2 persons

营养信息 ▸▸▸▸

/822.5千卡

/122.0克

/17.7克

/28.2克

食材 ▸▸▸▸

✤大米 / 150 克
✤干香菇 / 4 朵
✤火腿肠 / 50 克
✤胡萝卜 / 50 克
✤豌豆 / 40 克
✤鸡蛋 / 1 个
✤盐 / 适量
✤胡椒粉 / 适量
✤橄榄油 / 适量
✤鸡精 / 适量

做法 ▸▸▸▸

❶干香菇提前泡发后切丁，火腿肠、胡萝卜切丁，大米淘洗一遍。❷电饭锅按下“煮饭”档热锅，倒入少许橄榄油，加香菇和火腿肠翻炒，加盖焖半分钟左右。❸加入胡萝卜、豌豆继续翻炒半分钟，加盐、鸡精拌匀。❹加入淘洗后的大米，与蔬菜拌匀，注入清水至刚好没过饭菜，盖锅盖，按下“煮饭”档。❺待电饭锅跳至“保温”档，向锅中打入鸡蛋，盖上锅盖焖 6~10 分钟，出锅前撒少许盐和胡椒粉，拌匀即可。

专访 ········· × Max Levy

"我最重视的是平衡。"

专访 Okra 主厨兼主理人 Max Levy

金梦 / interview & text
Okra, Dora / photo courtesy

营养信息 / 热量 碳水化合物 脂肪 蛋白质

✶日本料理一向被认为是清淡、健康饮食的代名词，其关键就在于日料非常讲究食材的新鲜与原味。因季而食的同时四面环海，各类水产海鲜便成了日料中的常客。做法也多以切、煮、烤、蒸为主，善于用最简单的手法提炼出食材最美妙的风味，遵循少即多，绝不过度破坏食材自身的鲜美。✶而与日料评价截然不同的，便是普遍被视作垃圾食品的美式快餐。美国也是世界上肥胖率最高的国家之一。如若将"日料"与"美国"二者相结合，会怎么样呢？正巧，京城就有一家美国大厨所开的日本料理店。✶ Max Levy 是一位身高一米八五、身材笔直挺拔的美国大厨，初见时他给人的感觉有点冷峻严肃，聊了几句之后，却发现他十分健谈且温和。谈起他跟日料的渊源，有些奇妙。他说自己作为一个传统意义上的美国人，之所以对日料怀有高度的热情，是因为日料的精神与他的价值观念颇为吻合，即"平衡"。"我认为凡事都应该讲究平衡，过犹不及，饮食更是如此，因为它与我们的健康息息相关。譬如寿司，它有蛋白质含量颇丰的各式深海鱼做主角，便要有搭配它的碳水化合物——米饭做'配角'，二者相辅相成，缺一不可。"

PROFILE

Max Levy（马克斯 · 利维）
出生于美国新奥尔良，从小对日料极感兴趣，15 岁在当地日本料理店打工，18 岁独自前往日本东京非常出名的鱼市场，学习各种鱼类相关知识与操作技法。后去日本一家鳗鱼养殖场工作，并在那里学会制作生物动力海盐[1]，之后便去阿拉斯加与三文鱼做起了朋友。2001 年回到美国，开始跟随日本寿司大师安田直道先生学习制作寿司，历经 7 年得以出师。2013 年在中国北京创办了自己的第一家日料餐厅 Okra。

● 经典握寿司拼盘，分别为鲷鱼、枪鱿鱼、北极贝、扇贝、赤贝和帝王鲑。

1 生物动力海盐（biodynamic sea salt）：是一种根据月相的变化周期，从海水中提取海盐的技术。用这种技术提炼出来的盐是世界上最纯净的海盐之一。

食帖 ▻ 当初为何开始学习制作日本料理？

Max Levy（以下简称“*Max*”）▻ 在我的印象中，大概五六岁时我便发现自己对厨房很感兴趣。但我真正进入厨房，是在十三四岁的时候，因为在12岁时祖父给我做了一道秋葵汤，非常美味，从那时起我就确认了自己是喜欢烹饪的。在自家厨房里练习了两年后，15岁时我便去了当地一家很有名的日料店打工，经过几年真正的锻炼，我确定了自己想做的事，就是成为一名真正的厨师。

至于为什么是日料，小时候家里面最常吃的食物就是各式海鲜和米饭，当我第一次尝试日本寿司时，发现除了做法、摆盘不一样，寿司使用的几乎就是我每天都会吃的东西，只是通过不同的处理手法和搭配，就可以变成完全不同的料理，那时我觉得这很奇妙，因此萌发了想成为一名日料主厨的念头。

食帖 ▻ 将自己的店命名为“Okra”（日语意为秋葵），是否因为祖父做的那一道秋葵汤？

Max ▻ 这是原因之一，第二个原因是秋葵是日料中很常见的蔬菜之一，且非常健康，可以为人体提供很多膳食纤维、维生素A、维生素C和各种矿物质等。我觉得在现代人的饮食结构中，肉类和海鲜的比重有些过大，而忽略了对蔬菜的摄入。这也是我的店想传达的理念，就是应将蔬菜与肉食放在同等重要的位置。其实，烹饪蔬菜，比做肉食料理更难，至少对日料来说是这样。拿寿司来说，你只需煮米、片鱼，再将它们组合起来即可。但是一道蔬菜料理，则需要非常注意温度、火候、手法等，所以，个人认为蔬菜更应该得到“尊重”。因此便挑选了“Okra”（秋葵）作为店名。

食帖 ▻ 为什么决定在中国开一家日料店？

Max ▻ 北京对我来说更具有包容性，更容易接受新事物。比如我们餐厅的很多料理，虽然是基于日本的传统食物，但真正呈现给顾客的却是经过我们改良后的料理。我们会沿用日本料理的传统技法与精神，但在食材上也会做许多创新，这对于那些吃惯了传统日料的日本人来说是很难接受的。但中国人不同，中国人会更愿意尝试新的东西。

食帖 ▻ 跟随安田直道先生学习寿司的经历中，最大的收获是什么？

Max ▻ 毫无疑问，这段学习经历对我的影响是巨大的，尤其是在料理制作的标准以及自己的工作态度方面。最重要的是我明白了一件事：如果一道料理没有被做到极致，它就不值得被放入菜单。现在有很多顾客会问我为什么不做一些很典型的日式料理，如拉面或煎饺，我们当然可以做，但问题是，这些料理我们是否可以做到最好？如果我提供的不是最好的，那么就不会让它出现在菜单上，这是我学到的最重要的事。

食帖 ▻ 你通常如何选购食材？

Max ▻ 和好朋友，也是我的工作伙伴合开了一个农场，在贵州遵义，店里使用的大部分食材均产自那里。那是一个有机农场，

● Okra的开放式厨房，各种刀具器皿摆放得整整齐齐。每天下午两点，料理师们便会开始在这里忙碌准备晚上所需的食材，并等待新鲜的鱼类到货。

● 用来研磨山葵的研磨板，覆有鲨鱼皮。

● 新鲜山葵，现用现磨。

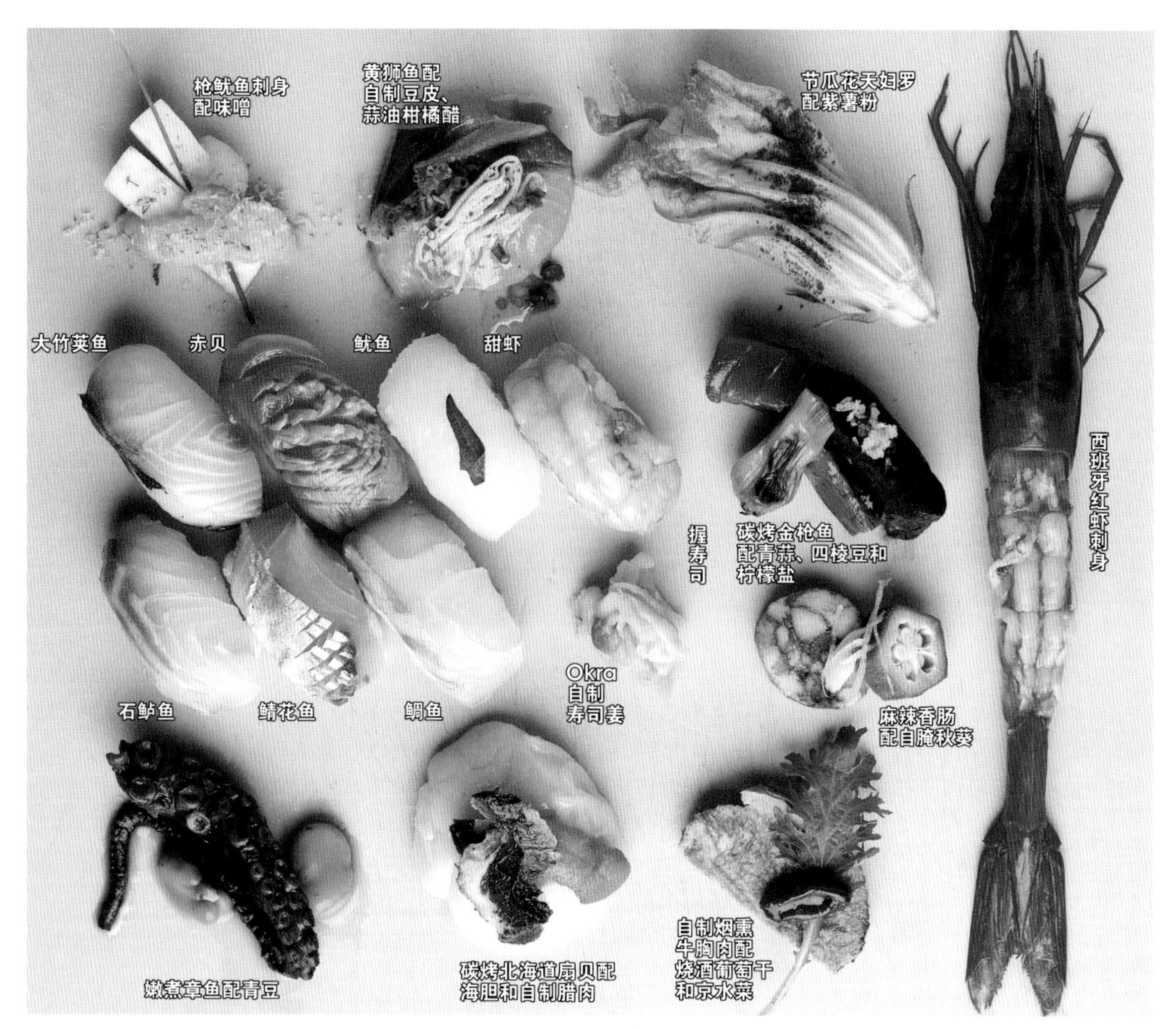

秉承可持续发展理念，充分尊重生态系统，进行废物再利用。像我们店里被剔下来的鱼骨、剩下的不够新鲜的蔬菜等，都会被回收至那里。而海产的部分则多采用进口的。贝类多从韩国进口，鱼类较多使用福建厦门和台湾的。一年前我去了台湾的鱼市，发现那里的鱼类有50%都会出口到日本。因为台湾的水质较日本来说会更干净，鱼类的个头更大，肉的质感也更好，同时也比日本卖得更贵。当然一些特定的鱼类我们会从日本进口，如帝王鲑鱼。

食帖 ▻ 你怎样看待饮食与健康的关系？

Max ▻ 健康与饮食是强关联的，饮食对健康来说非常重要。我不是很喜欢“节食”这个理念，不管是在生活还是饮食上，“平衡”都是很重要的。如今较流行的一个理念便是提倡人们摄入很多的蛋白质、很少的碳水化合物，但事实上，这并不是对你身体有益的饮食方式，除非你是一个运动员，每天需要做很多的力量训练，否则你根本无须摄入那么多蛋白质，而且你的消化系统也无法承受，于是便转化成脂肪存于体内。很多女生说晚上拒绝碳水化合物，其实这是完全错误的，因为在缺少足够碳水化合物的前提下，身体就没有能量在夜晚修复白天的耗损。

食帖 ▻ 你去过很多地方，有没有哪个国家的饮食文化令你印象非常深刻？

Max ▻ 我没有很多机会去单纯地旅游度假，我去某个地方，一定是因为那里有吸引我的美食。西班牙大概是我去的次数最多的国家之一了，在那里我发现了一个非常有趣的事实：黄瓜是西班牙和中国都有的，但品种完全不同，当西班牙人品尝了中式黄瓜后，他们觉得口感非常不好，过于软，不够脆，而且他们通常会将黄瓜用橄榄油微煎；反之，当中国人品尝了西班牙的黄瓜后，也会觉得很难下咽，中国人一般会选择凉拌或直接生吃。我想说明的便是，即使面对相同的食材，不同国家的人也会有完全不同的做法，这种饮食文化方面的差异，令我感到非常有趣。

食帖 ▻ 你个人的饮食习惯如何？对中国人的饮食习惯怎么看？

Max ▻ 我在春夏会尽量多地摄入新鲜蔬菜，而在秋冬则会多吃一些干货或腌菜。我觉得任何一个地方都没有特定的饮食习惯。以北京为例，我认为北京人的体格在唐山大地震以前，是非常健康的，饮食多以五谷杂粮和蔬菜为主，肉类摄取只是适量。如果你看那时的照片便会发现，那些人比现在的人看

Okra 内部由著名室内设计师 Sean Dix（肖恩·迪克斯）、建筑师 Phil Dunn（菲尔·邓恩）及主厨 Max Levy 联合设计，灵感则是秋葵。不同于一般日料店的浓郁和风，Okra 颇具现代感。

起来健康得多。传统的中国饮食习惯是摄入 70% 蔬菜 +30% 肉类，但如今已然不是了。当今人们的一日三餐，几乎一半都是肉食，而且油盐摄入量也大幅提高。很多人甚至会认为这是美国人的错，但是我们并没有强迫所有人都去吃快餐，不是吗？另外，在中国售卖的可乐，含糖量是世界最高的，我就从来不喝中国的可乐，因为太甜。早餐我一般会吃全麦面包和新鲜水果，或者鲜榨果汁；午饭则是一个简单的三明治或面条；我们是下午开始营业，在此之前我会试吃很多新的料理以及调味之类，所以这几乎就是我的晚饭了。有时也会加餐，不过总的来说，我不太喜欢吃油盐口味过重的食物。

食帖 ▻ 你是否有锻炼的习惯？

Max ▻ 每天都做，但都是一些对我背部和腿部有较大益处的锻炼，如引体向上和俯卧撑。因为厨师职业的特殊性和我的日程的关系，很多时候一站就是一天，很容易造成腿部和背部的劳损，所以我会选择一些有针对性的锻炼来缓解这个问题。

食帖 ▻ 可否推荐两三道健康又有趣的料理（餐厅目前可提供的）？并简单说明一下理由。

Max ▻ 如果让我推荐的话，我会推荐碳烤鳗鱼，这道菜的食材非常简单，就是鳗鱼和黄瓜，配以少许的黑芝麻、紫苏叶和甜醋汁。外观上看起来非常日式，但是它的灵感其实来源于上海的三杯鸡，我们使用了类似三杯鸡的酱汁，来更加凸显鳗鱼的鲜美，同时搭配上清甜爽口的黄瓜。这道料理非常健康，因为鳗鱼富含丰富的胶原蛋白，对皮肤和骨骼都非常有益。

当然还有我们的寿司拼盘，其实比起刺身，我更鼓励顾客尝试寿司，一是我们的米饭，选用上好的日本米煮制而成，里面调入了寿司醋；第二，平衡膳食一直是我所提倡的，不应该单一地摄取某一样食品，对人的健康来说，碳水化合物也非常重要。

食帖 ▻ 日料常给人以清淡、健康的印象，你是否认同？

Max ▻ 说实话，我并不是完全赞同这种说法。大多数人说起日料，最先想到的就是寿司，而寿司的做法我们都知道是很健康的。但其实日本料理也吸收了中国料理和韩国料理的元素，在做法上并不单一，正如中国料理口味有南北差异一般，日料也具有地域性，不能一概而论。一般人印象中较为清淡、健康的料理大多来源于主流城市，但在日本许多小城市中，人们的口味会偏辣、偏重一些。包括清酒也是如此，主流城市的人们喜欢的清酒口味是偏淡、清爽的，而一些小城市则喜欢酒精味道更浓郁、更烈一些的日本酒。fin.

Okra 招牌料理之一 ▸▸▸ 红虾茶碗羹

做法 ▸▸▸▸ ❶用西班牙红虾的虾头熬汤，将虾脑的鲜美吊出。❷鸡蛋打散，在蛋液里加入温虾汤，搅匀，用筛网过滤；放入蒸锅，130℃蒸 8 分钟即可。❸出锅后放入剥皮的生西班牙红虾和秋葵片；食用时先搅拌，使虾肉微熟，口感风味更佳。

专访 ………  × 壁花小姐

健康饮食与合理运动，是场持久战

壁花小姐的理想身材晚餐计划

李晓彤 / interview & edit　壁花小姐 / photo courtesy　营养信息 / 热量 碳水化合物 脂肪 蛋白质

✴ 2013 年的壁花小姐还是个有小肚腩的女孩，喜欢与朋友们吃吃喝喝，不曾想过需要特别调整自己的体态。一天，壁花小姐在路过橱窗时看中了一条美丽的裙子，然而试穿时拉不上拉链的窘境让她备感尴尬。自那一刻起，她决定打造理想身材，穿上任何一件自己喜欢的衣服。壁花小姐在英国念书时上过很多节形体课，因此她从一开始就没有走节食、断食的弯路。她并不追求短期的成效，而是做好了长期健身、改善饮食结构的准备，希望可以彻底地改变自己的生活方式。

❍身高 166 厘米的壁花小姐，从 61 公斤到 49 公斤的瘦身路，走了整整九个月。这段时间，她认真研究各类有氧、无氧运动，没有少吃一顿饭，渐渐积累并形成了自己的一套经验和理念，创造出时下热门的“直腿女王操”等。“我现在的体重基本保持在 46 公斤到 48 公斤之间，体脂率为 17.3%。”壁花小姐说道，“其实我并不在乎体重数字，我追求的是身体的紧致。”

❍晚餐的选择对减肥的成败起着至关重要的作用。很多人盲目地选择不吃晚餐，或以水果、代餐食品来取代正式晚餐。壁花小姐不以为然，她有自己的晚餐哲学。壁花小姐严肃地说：“以健康饮食、科学健身的方式打造理想身材，是一场持久战。然而坚持下去，时间不会辜负你。”

● 瑜伽动作：侧乌鸦式

● 力量训练：负重深蹲

PROFILE

壁花小姐（微博 @ 壁花小姐在厨房健身）
“体态雕刻”热衷分子，“科学减脂营”营主。2015 年自创“骨盆操”、“直腿操”、“瘦腹操”等，发起“壁花减脂训练营”、“壁花小食堂”等相关活动。致力于用合理饮食、健身增肌的方式，帮助更多有减脂要求的女性塑造出理想身材。

✤ 壁花小姐的一周晚餐食谱 ✤

周一 Monday

营养信息▸▸▸▸ / 507.3 千卡 / 44.6 克 / 23.4 克 / 37.2 克

食材▸▸▸▸ ✤米饭 /100 克✤圣女果 /5 颗✤三文鱼 /150 克✤白玉菇 /200 克✤西蓝花 /100 克✤黑胡椒粉 / 少许✤食盐 / 少许✤柠檬汁 / 少许✤橄榄油 / 适量

做法 ▸▸▸▸ ❶圣女果洗净切半。❷三文鱼洗净，用黑胡椒粉、食盐、柠檬汁将其腌制 20 分钟左右，随后以不粘锅小火煎熟。❸西蓝花焯水待用；热锅，倒入橄榄油，下白玉菇翻炒片刻；加入焯过水的西蓝花翻炒，适当加一点水；出锅前加少量食盐调味即可。

周二 Tuesday

营养信息▸▸▸▸ / 480.0 千卡 / 52.9 克 / 16.0 克 / 41.6 克

食材▸▸▸▸ ✤米饭 /100 克✤牛肉 /120 克✤彩椒 /100 克✤西蓝花 /80 克✤黄豆芽 /80 克✤香菇 /80 克✤豆豉 / 适量✤盐 / 少许✤橄榄油 / 适量✤料酒 / 少许✤淀粉 / 少许

做法 ▸▸▸▸ ❶将牛肉切成一口大小，加入料酒、淀粉，抓匀后腌制 10 分钟左右；热锅将豆豉炒香，下牛肉翻炒至变色断生，用锅铲将其推到一侧，加入彩椒、焯过水的西蓝花翻炒均匀；最后将牛肉与蔬菜一起翻炒。❷将香菇、豆芽洗净并沥干水分；热锅，倒入橄榄油，下香菇、豆芽翻炒，炒至变软出汁后加盐调味，再翻炒几下即可。

周三 Wednesday

营养信息▸▸▸▸ / 475.2 千卡 / 46.5 克 / 19.6 克 / 35.1 克

食材▸▸▸▸ 米饭 /100 克✤北豆腐 /150 克✤牛肉末(可用周二腌制牛肉的剩料) /50 克✤木耳 /50 克✤胡萝卜 /50 克✤菜心 /150 克✤盐 / 少许✤橄榄油 / 适量✤蚝油 / 适量✤大蒜 /2 瓣

做法 ▸▸▸▸ ❶热锅，倒入橄榄油，加入牛肉末翻炒片刻，盛出待用；北豆腐切成一口大小，在炒过牛肉的锅中翻炒，加蚝油，注意翻炒时不要用力过度；木耳、胡萝卜、菜心梗等洗净切小粒，与牛肉末一起放入豆腐锅中，轻微翻炒；加水、盐，盖上锅盖焖至蔬菜变软，渐渐收汁。❷将菜心洗净沥干；蒜剥皮，拍成蒜蓉；热锅，倒入橄榄油，蒜蓉爆香；加入菜心，炒至变软出汁后加盐调味，翻炒几下即可。

周四 Thursday

营养信息▸▸▸▸ / 516.1 千卡 / 55.8 克 / 18.2 克 / 37.7 克

食材▸▸▸▸ ✤挂面 /50 克✤香菇 /50 克✤胡萝卜 /50 克✤鸡胸肉 /150 克✤芦笋 /100 克✤豆豉 / 适量✤橄榄油 / 适量✤料酒 / 适量✤生抽 / 适量✤淀粉 / 少许✤醋 / 少许

做法 ▸▸▸▸ ❶锅内倒入足量的水，加少许醋、橄榄油，煮开后放入挂面，煮至挂面内无硬芯后捞出待用；将香菇洗净，去蒂切片；胡萝卜洗净切片，焯水待用；鸡胸肉切片，用料酒、生抽、淀粉腌制 10 分钟左右；热锅，倒入橄榄油，下豆豉爆香，放入香菇片、胡萝卜片、鸡胸肉，翻炒至鸡胸肉完全变色，盛出浇在挂面上。❷芦笋洗净，切掉根部；芦笋焯水 1~2 分钟；将芦笋捞出沥水，淋生抽即可。

周五 Friday

营养信息▸▹▸▹ / 333.3 千卡 / 37.6 克 / 12.0 克 / 23.3 克

食材▸▹▸▹ ✣米饭 /100 克✣虾仁 /150 克✣西蓝花 /50 克✣胡萝卜 /40 克✣玉米笋 /40 克✣白菜 /50 克✣香菇 /50 克✣橄榄油 / 适量✣盐 / 少许

做法▸▹▸▹ ❶将玉米笋、胡萝卜、西蓝花洗净并切成喜欢的形状，焯水待用；虾仁洗净，去掉虾线；热锅加橄榄油，将虾仁迅速放入，炒至变色变熟；倒入玉米笋、胡萝卜和西蓝花，加盐翻炒几下即可。❷将香菇、白菜洗净沥干；香菇去蒂切片，白菜切丝；热锅加橄榄油，下香菇、白菜翻炒，炒至变软出汁后加盐调味，翻炒几下即可。

周六 Saturday

营养信息▸▹▸▹ / 410.0 千卡 / 38.2 克 / 17.5 克 / 34.3 克

食材▸▹▸▹ ✣米饭 /100 克✣鲈鱼 /150 克✣小葱 /1 根✣大蒜 /1 瓣✣西葫芦 /50 克✣香菇 /50 克✣胡萝卜 /50 克✣豆豉 / 适量✣橄榄油 / 适量✣盐 / 少许✣料酒 / 适量

做法▸▹▸▹ ❶热锅，倒入橄榄油，将蒜和豆豉爆香；加入洗净并切片的西葫芦、香菇及胡萝卜，翻炒至变软出汁即可。❷将鲈鱼洗净切块，用料酒、盐和葱腌制 20 分钟左右；大火蒸 7 分钟，关火后再焖 3 分钟即可。

周日 Sunday

营养信息▸▹▸▹ / 458.3 千卡 / 40.9 克 / 18.7 克 / 35.8 克

食材▸▹▸▹ ✣米饭 /100 克✣胡萝卜 /40 克✣西蓝花 /50 克✣白菜 /50 克✣鸡胸肉 /150 克✣尖椒 /50 克✣橄榄油 / 适量✣豆豉 / 适量✣盐 / 少许✣酱油 / 适量

做法▸▹▸▹ ❶尖椒洗净，去籽切圈；热锅，倒入橄榄油，先放入豆豉炒香，随后放入尖椒，翻炒断生。❷将鸡胸肉洗净切丁，用盐、酱油佐味腌制 10 分钟左右，放入锅中大火蒸 1 分钟。❸将胡萝卜、西蓝花、白菜洗净并沥干；胡萝卜、白菜切片，西蓝花切块；热锅，倒入橄榄油，下胡萝卜、西蓝花、白菜翻炒，炒至变软出汁后加盐调味，翻炒几下即可。

● Ryan 正在进行下斜俯卧撑动作：将压力转移到肩部，双脚垫高做俯卧撑，主要锻炼到胸肌上部与肩肌前部。

专访 ………  × Ryan

Better Than Yesterday: 今天要比昨天好

专访健身达人 Ryan

邵梦莹 / interview
邵梦莹 / text & edit
Ryan / photo courtesy
营养信息 / 热量 碳水化合物 脂肪 蛋白质

✶这个时代一时兴起很容易，但出于喜爱，能够长久坚持下来的人值得敬佩。✶ Ryan 就是这样一位很能坚持的姑娘，高中时身高 162 厘米，体重却只有 70 斤，瘦长得像站在西北沙漠中没发芽的小树，好像随时都会被太阳、疾风所打败。但故事的发展却总会超过人们的期待，当初的小树不仅日益茁壮，还拥有了巨大的精神力量去感染他人。从一个跑不过一圈的小女孩，到现在跑 8 公里气不喘的标致美女，从经常生病的瘦弱无助到现在对力量训练的得心应手，从自己玩得开心到影响更多人，Ryan 对自己设定的目标虽然只是简单的"今天要比昨天好"而已，但身上总有一股子奥林匹克的"更高、更快、更强"范儿，气势丝毫不输同健身房的肌肉男们。Ryan 除了 6 年的健身达人身份外，她的本职工作其实是一名空乘人员，为了缓解工作对身体带来的伤害，Ryan 通过调整饮食和坚持健身，努力使生活保持最轻松且有活力的状态，面对任何事，她都有自己的一套办法。

PROFILE

Ryan（微博 @R_Xu_）
一名空乘人员、健身爱好者、国际空手道联盟会员。

食帖 ▻ 你是什么时候开始对健身感兴趣的?

Ryan ▻ 读高中时，偶然观摩了一次大学生空手道比赛，很想体验一下，就去了学校的道场里专门学习。因为在练空手道之前身体状态和运动能力都非常差，当时体重只有70斤，出早操的时候太阳稍微大一些就会晕倒，跑步跑不过一圈，现在回想起来，都不敢相信自己当时会那么瘦。但练过空手道后就爱上运动了，不仅因为身体状况好转很多，整个人都更加自信有活力。但因空手道学习有固定的时间、地点、课程，以我现在的工作节奏，还是适合时间安排上比较灵活的运动方式，比如去健身房，或是在家做简单的运动等。

食帖 ▻ 健身给你带来的改变是怎么样的?

Ryan ▻ 健身带给我最大的收获，其实跟所有人一样，健康的身体、愉悦的心情、积极的生活方式。其中最显著的改变，就是我的身体状态。现在身体已变好很多，但我还是会坚持运动，每达成一个运动目标都会想着怎样去进一步提高运动能力，不断设定新目标去达成，这种在运动上一直追求进步的状态，也对我的工作和生活产生了非常好的影响。现在运动对我来说早就不是难熬的“坚持”，它是我生活中非常自然的一部分。

食帖 ▻ 看你的社交媒体，发现有非常多的人因你的影响而加入健身行列?

Ryan ▻ 运动本身就是一件很快乐的事情，不管是过程还是结果，而且它的受益者就是你自己，如果自己受益后还能影响更多的人，不是更好吗？我平时在社交媒体上经常同步自己的健身情况，一方面可以记录自己的运动频率，另一方面还可以带动他人，比如有时有人评论“看到你又在健身，我懒在家里感觉好罪恶”，我就会鼓励他们。身边最近的鼓励对象是我妈妈，随着年龄增长，人的基础代谢会变低，食物摄入如果没有减少，就会出现“中年发福”的情况，在我的带动下，妈妈跟着我运动三个月，腰围减了12厘米，对她这个年龄段的人来说已经非常不易。前两天我就买了条项链送妈妈，以资鼓励，哈哈。

食帖 ▻ 你经常分享自己的健身配餐，也是个美食爱好者吗?

Ryan ▻ 其实我一点都不会做饭，因为工作时间非常不稳定，所以很少做饭，也没有去学，但是很喜欢研究健身时要搭配的营养餐。因为我本人一直都不喜欢油腻、重口味的食物，所以自己做的营养餐多是水煮和清蒸，起初还很满意，后来觉得这种单一口味，吃久了真的会腻，就逐渐开始追求口感和味道，会开始讲求食材搭配和制作方法，比如少油的煎炒。在制作营养餐时，还要注意结合自己当天的运动量，如果有氧运动做得多，那碳水化合物在配餐中的量就不能太低，可以选择高纤维的碳水，比如燕麦、红薯，因其本身的热耗高，升糖指数也比精米精面低，对身体不会造成负担，同时也能持续地补给碳水，而不是马上被全部吸收掉。

食帖 ▻ 你认为饮食和构建健康身体的关系是怎样的?

Ryan ▻ 饮食非常重要，开始健身之前，我都是一日三餐正常地吃，不会过多考虑营养搭配，而在接触健身的过程中才发现饮食真的很重要。“三分练，七分吃”这种说法是有道理的，在构建健康身体的过程中，健身发挥的作用其实只占三成，而其

● Ryan 正在做 TRX（全身抗阻力锻炼）划船动作：双臂握住 TRX 手柄，进行划船动作，背部要有发力和挤压感，主要针对背部肌肉。

● Ryan 偶尔也会练习瑜伽。瑜伽战士二式动作：两脚分开一腿的距离，手臂向两侧打开，脚尖朝前，左脚稍内扣，右脚脚尖外转 45 度，脚跟内转 45 度，使右脚跟和左脚心在一条直线上，锻炼大腿上大部分的肌肉力量，伸展内收肌。

他部分都与饮食摄入相关，只有在合理的饮食下，才会达成很好的健身效果。但现在有很多人对饮食的重要性并不太清楚，举个例子，很多肥胖的人要减脂，每天运动很多个小时或更长时间，同时吃得很少或是不吃一切含油脂、碳水的食物，这样的确会很快瘦下来，但却是非常不健康的方法，不仅会给身体造成很大的伤害，还会因之后饮食习惯的恢复而马上反弹，长期反复，身体定会垮掉。所以，减肥主要还是靠控制饮食，运动只要在合理的范围内去训练就可以，这种控制饮食并不是不吃，而是要合理地吃，要“会吃”，蛋白质、碳水化合物、优质脂肪，每一餐都要摄入。

食帖 ▻ 工作时间不稳定的情况下，怎么去维持健康饮食和长期健身？

Ryan ▻ 工作时间的不可控性，也是让我更注重健康饮食的原因。因为我的工作状态，已经违反了一个正常人应有的作息规律，在这种情况下想要保持健康的身体状态，就更要通过饮食和健身来着手。德国汉莎航空曾做过一系列研究，其表明人体在空中消耗的热量比在地面上多，为了不让人在飞行中出现过大的不适反应，飞机餐一般加大热量，同时因为在空中飞行时人的味觉能力会降低，所以为了使飞机餐“美味”，调料用量也会加大。正因如此，很多同事的口味都变得越来越重，再加上下班后有时会吃夜宵，非常不健康的饮食习惯就在无形中养成了。

为了尽量减少工作对健康的影响，我在饮食上一直尽力保持均衡的营养配比，尽量少吃高油高盐的食物，平常自己准备面包这种易带的食物到飞机上，实在要吃飞机餐，就过一遍水再食用，回到家中就吃新鲜的瓜果蔬菜，不吃加工食物，如饼干、蛋糕等零食能不碰就不碰。运动的话，一有时间就会运动。很多人都会问我：什么时间运动才是最好的、最能减脂的？我的回答就是，有时间就是最好的时间！我认为这点很重要，不只是对我来讲，对任何人来说都是这样，没有最好的运动时间标准，你眼下的就是最好的时间啊。

食帖 ▻ 你平时的运动习惯如何？运动前后会不会补充一些食物？

Ryan ▻ 我的运动情况每天都不一样，要看当天身体状态和工作时间，如果很忙，就抽出 20~30 分钟做一些简单运动，比如跳绳、呼啦圈，买一块瑜伽垫其实也很实用，做一做平板支撑、仰卧起坐、卷腹的动作都还蛮好的。如果去健身房，会先热身、拉伸，然后做有氧和力量。热身就是让身体热起来，能够适应运动的状态，拉伸主要看这次健身的目标肌群，练腿的话可以多拉腿，练肩就多拉肩，以此类推。因为人的身体很聪明，长期做同一个有氧运动就没有什么显著效果了，所以在选择有氧运动时要注意多样性，可以今天练跑步，明天练游泳，后天练动感单车，保持长期的新鲜感。如果当天身体状况很不理想，建议运动时间不要超过两小时。每个人的状况都不一样，知道自己应该做什么运动、怎么做、如何安排，其实是非常有必要的，适合自己的才是最好的。运动前可以少量摄入些蛋白质，鸡肉、牛肉都是优质蛋白质来源，脂肪含量很低，此外，大豆也是很好的蛋白质来源。运动后主要补充碳水化合物和一些蛋白质，碳水还是像之前说的，选择一些粗纤维的红薯、燕麦、小麦等，蛋白质可选择酸奶、鹰嘴豆、鸡肉、牛肉，吃些西蓝花也不错。

食帖 ▻ 遇到高热量美食会心动吗？健身时有没有过坚持不下去的时刻？

Ryan ▻ 心动的情况比较少，而且我比较瘦，适当地吃一两次不会有大问题，但在减重期的朋友一定要尽量克制住自己，牢牢记住“三分练，七分吃”。健身时倒也没有坚持不下去的情况，只是有一段时间遇到了些小阻碍，比如对健身专业知识掌握得不够，不知怎样设定目标，但这都是可以解决的，现在网络上就有很多资源可以学，不再像过去那样想练却不知从何练起。确实偶尔会出现厌倦，但是过一段时间还是会对健身重新燃起憧憬和兴奋，因为它带给你的益处，是远远超过你所期望的。

食帖 ▻ 你心目中的理想身材是怎样的？

Ryan ▻ 每个人的标准、审美都不一样，我认为的理想身材就是“没有最好的身材，只有更好的身材”！只要今天比昨天好，就是最好的身材，如果一定要具象地说，那就是女生要有“S 形”，整个人很 fit 的感觉，肩宽、腰细、翘臀，还有线条感要好，个人以为能具备这几项已经很棒了。现代人压力很大，总认为健身会占用时间，让他们更累，但事实是，健身后整个人的精神状态一定会更好，疲劳、神经衰弱等状况也能有所改善。健身真的是一项对自己有益的事，当你把它变成生活的一部分，变成一种生活习惯时，你就彻底离不开它了。fin.

Ryan 的清晨营养餐计划

Plan A 鸡胸肉卷

营养信息 ▸▸▸▸ /423.5 千卡 /35.0 克 /16.9 克 /31.2 克

食材 ▸▸▸▸ ✤鸡胸肉 / 70 克✤胡萝卜 / 70 克✤鸡蛋 / 2 个✤低脂芝士片 / 1 片✤西蓝花 / 30 克✤菠菜卷饼 / 1 张

做法 ▸▸▸▸ ❶鸡胸肉和胡萝卜煮熟待用。❷在菠菜饼上抹上鸡蛋液，微波炉加热一分钟。❸取出铺上鸡胸肉、低脂芝士、胡萝卜条，再加热 20 秒。❹卷起装盘，配上西蓝花和无油煎鸡蛋。

Plan B 鸡蛋卷饼配燕麦牛奶

营养信息 ▸▸▸▸ / 476.0 千卡 / 52.4 克 / 18.7 克 / 21.7 克

食材 ▸▸▸▸ ✤鸡蛋 / 1 个✤全麦卷饼 / 1 张✤牛奶 / 300 毫升✤ Weet-Bix 燕麦棒 / 1 个✤盐 / 适量

做法 ▸▸▸▸ ❶鸡蛋少油或无油煎熟，加少量盐调味。❷放到热好的饼中卷好即可，搭配牛奶和燕麦棒食用。

专访 ……… × 殷珉

她对食物，更多的是敬畏与感恩

专访瑜伽修习者殷珉

张奕超 / interview & text　　Dora，殷珉 / photo courtesy　　营养信息 / 热量 碳水化合物 脂肪 蛋白质

✴ “40 岁以前我从来不敢照镜子。”40 岁，是瑜伽老师殷珉人生中的转折年。在那以前，殷珉在房地产行业任高管，收入优渥，买衣服“只选最贵”，却从来不敢照镜子。一方面是因为她的姐姐从小非常优秀，身为妹妹内心总带着自卑；另一方面，则是殷珉觉得自己太胖，“没有腰”。

❍现在的殷珉穿一身 T 恤和短裤，身材匀称，长发随意编起辫子，赤足做着瑜伽动作，言谈中常以“好不好玩”来评判世事，让人很难想象她当年“短发、高跟鞋、西装、强势”的高管形象。转变源于两件事：旅行与瑜伽。

❍殷珉热爱旅行，曾五次进藏。2005 年的一次，她在转山途中，整个人濒临崩溃，头一次感到离死亡很近。当她终于撑到一个休息营地，钻进帐篷，倒下便睡，睡醒时，她觉得整个灵魂都是满足的，“以前从来没有思考过‘灵魂’这个概念，但这一刻，发现一个人需要的东西真的不多。从此我就不害怕了”。她的害怕，源于自卑，总希望身边的人喜欢自己、看得起自己，于是努力工作、讨好别人，却不敢正视自己。这次经历，让殷珉心中埋下了离开不喜欢的房地产行业，转而追求内心所爱的种子。

❍殷珉与艾扬格瑜伽的缘分则始于 2002 年。一开始，她接触瑜伽只是为了减肥，就到健身房报班学习，2007 年还考了瑜伽教师证。没想到，瑜伽不仅让殷珉变瘦，更融入了她的生活。出于热爱，在 2009 年，殷珉离开房地产行业，在南京开设瑜伽馆，做一位瑜伽老师。也是从这一年开始，她几乎每年都到印度上瑜伽课，曾参加艾扬格大师亲授课程。“在印度，好的艾扬格瑜伽老师都是六七十岁，他们的精神都非常饱满。所以我只是个瑜伽入门者，我首先是一位瑜伽学生，然后才是一位瑜伽老师。”殷珉说。

❍开设瑜伽馆的那段日子，对殷珉的挑战非常大。“当时我觉得自己要过跟别人不一样的生活。每天穿布衣布裤，不吃肉不喝酒，摆出一副特别清高的样子，一点儿也不合群。开瑜伽馆要招学员、协调教练，要别人认可我，挑战很大。也是因为清高，我拉不下脸，觉得做瑜伽不应该索取钱，瑜伽馆就一直在

PROFILE

殷珉

46 岁，艾扬格瑜伽老师，多次到印度艾扬格学院学习。

● 殷珉示范“头倒立”。“在身体准备好的前提下，每天的‘头倒立’和‘肩倒立’对身体非常重要，‘头倒立’是‘瑜伽之父’，‘肩倒立’是‘瑜伽之母’。因此平时情绪低沉、阴柔的人，可以多做‘头倒立’；情绪急躁、焦虑、波动大的人，建议多做‘肩倒立’。这两个体式可以平衡身体内在的阴阳能量。”

● 厚厚的一摞笔记，记载了殷珉学习瑜伽的点滴心得

● 殷珉家中一角，摆放着艾扬格大师（Bellur Krishnamachar Sundararaja Iyengar）的照片与瑜伽书籍。

亏，我就用别的资金来补充，并将资金管理都交给朋友帮忙，自己每天只专注练习。撑了四年，直到有一天，发现资金都没了。”殷珉回忆起这段时，笑容轻松，像在讲一件曾经的趣事。

❍那是殷珉过去人生里最黑暗的一段日子。她给每个学员退款，最后把瑜伽馆关掉，去美国待了三四个月。回国后她到了北京，重新租房，开班授课，认识了许多好友。“瑜伽陪我承受了失败、黑暗，也和我一起感受生命的喜乐。”

❍瑜伽不只是一种身体上的训练，也会触及心灵和灵魂层面。“变瘦只是瑜伽带给我的很小一部分。瑜伽让我敢看自己了。我学会了接纳自己，不跟自己对抗。我现在过得很简单，只追求四样东西：穿花裙子、学习瑜伽、教瑜伽和旅行。现在能看到自己的美，觉得以前的时光都好浪费，所以喜欢穿好看的裙子。不过相比之下，当然还是瑜伽和旅行更重要。”

❍练习瑜伽后，殷珉每天吃得不多，由于不习惯外卖的重口味，她一般都自己在家做饭。很多食材都由北京郊区的朋友们亲手种植，只需加少许盐和酱油调味便十分美味。殷珉平时饮食较清淡，喜欢吃豆制品、蔬菜、山药、小米等，若朋友聚餐，吃肉喝酒，她也欣然接受。

❍“我不太会做饭，平时简单做做，能吃饱就很满足了。在印度，有次去一个学院上课。我们每天都会自己做饭，各人有各自的职责，有的负责削土豆，有的负责摆桌子等，一切井然有序，垃圾分类丢弃，食材绝无浪费。这种敬畏食物的心，一直存在我的意识当中。我并不是不爱美食，只是对食物要求不高，平时辛苦地上了一天课，只要有吃的我就会觉得很美味、很感激。”

殷珉的午餐食谱

for 1 person

营养信息 ▸▸▸▸

/642.8 卡

/104.0 克

/12.6 克

/28.6 克

食材 ▸▸▸▸

✣海带 /100 克

✣茄子 /200 克

✣豆皮 /100 克

✣味噌 /30 克

✣芦笋 /250 克

✣玉米 /2 根

✣红薯粉 /50 克

✣盐 / 适量

✣橄榄油 / 适量

✣面条 /200 克

茄子海带味噌汤

做法 ▸▸▸▸

❶茄子切丁，用适量橄榄油将茄子炒软。

❷向锅中加入适量水，加海带、豆皮、红薯粉。

❸待水烧开后，舀出适量汤至小碗，与味噌混合，倒回锅中拌匀。

❹煮至食材熟透即可出锅。

蒸玉米

做法 ▸▸▸▸

玉米洗净掰段，蒸熟即可。

焯芦笋

做法 ▸▸▸▸

芦笋洗净切段，入沸水中焯熟，加盐调味。

素面

做法 ▸▸▸▸

将面条煮熟，加盐调味。

✣ 4个在家就能做的瑜伽瘦身动作 ✣

❍殷珉说："瑜伽就像一棵树，你想要什么，上面都会有，你永远可以在树上摘到你想要的苹果。你可以摘很低的苹果，比如锻炼身体或是减肥，也可以高得跟生命联结。"

❍不是每个人都像殷珉一样，与瑜伽有这么深的联结，但学几个在家就能做的瑜伽动作，简简单单就能放松身心、锻炼瘦身，何乐而不为？

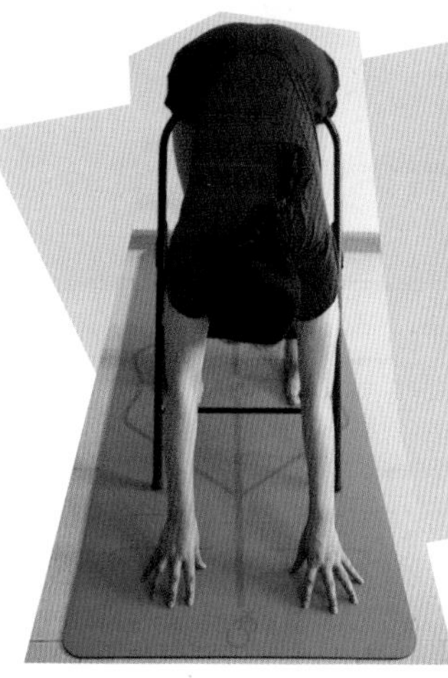

扶椅站立前屈

► 双脚打开，脚外侧贴椅子边缘，站稳脚跟，伸展双腿，椅子上端放在大腿根部。拉长身体躯干，手臂向前伸展。整个身体充分伸展，放松呼吸与大脑，可让整个人快速获得平静。

靠墙山式站立

► 脚跟、大腿、臀部、肩外缘、后脑勺贴墙，小腿、坐骨、肩胛微微离开墙。整个躯干向上伸展、手臂伸直，身体前侧能量从脚趾向上上扬，后侧从肩背部向下沉降，配合呼吸，让身体能量循环起来。

门框站立伸展

► 双脚并拢，重心放在脚跟和前脚掌上，髌骨上提，双腿皮肤向上伸展，耻骨上提，肩胛内敛、下沉。打开胸腔上提，伸直手臂，尾指外缘与门框形成抗衡，保持正常呼吸，可快速变得精神饱满，能量充足。

瑜伽身印放松

► 坐骨在地面上保持稳定。双腿交盘，使大腿根柔软。大腿外侧向地面方向沉降，放松腹部、喉咙、眼睛，从身体前侧拉长躯干，双手交叠放在凳子上，额头轻轻放在手肘上，放松呼吸。极度疲劳、长途旅行时，可在这个体式中得到休息。

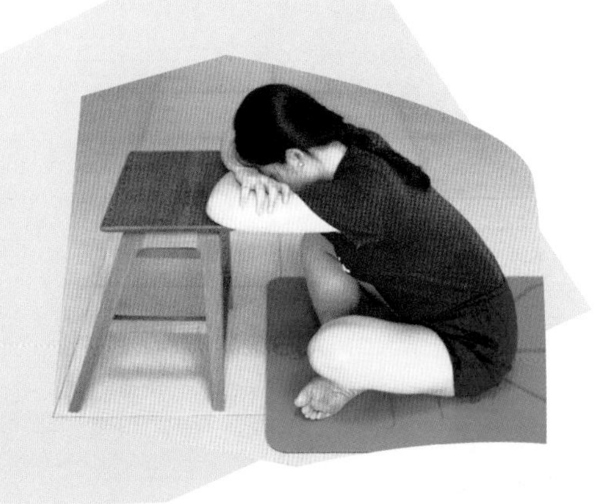

Chapter 4
怎样吃才既对又好？

自己做的便当才安心

上班族怎么制作低卡元气便当?

李晓彤 / edit

Freeze_Jing / text & photo

营养信息 / 热量 碳水化合物 脂肪 蛋白质

✳快节奏的生活、高压力的工作、亚健康的身体……这些都是上班族群体的典型特征。"鼠标手"、"屏幕脸"、"办公臀"等办公室病也相继而生。对于想减脂增肌的上班族来说，随意地节食、断食只会加剧亚健康状态，而叫外卖又难免有油脂摄入过量、食品不够卫生的隐患。因此，为自己动手准备一顿营养丰富、低卡路里，又有饱腹感的午餐，是上班族们维持理想身材和健康状态的关键。 ✳很多人觉得在工作日自己准备午餐，是件很麻烦的事。其实，只需在周末一次性购入所需食材，每天养成早起半小时的习惯，任谁都可以为自己准备一份营养满分的低卡工作餐。

周一 Monday ▸▸▸▸ 豆芽蔬菜炒鸡肉

营养信息▸▸▸▸ / 496.0 千卡 / 53.1 克 / 23.4 克 / 22.8 克

食材 ▸▸▸▸ **糙米紫米饭** / 150 克

豆芽蔬菜炒鸡肉✤鸡胸肉 /40 克✤豆芽 /30 克✤胡萝卜 /20 克✤香菇 /20 克✤彩椒 /40 克✤蒜 / 两瓣✤油 /5 克✤酱油 /5 毫升✤盐 / 适量✤糖 /1 克✤黑胡椒粉 / 少许✤香油 / 两三滴

秋葵炒蛋✤鸡蛋 /1 个✤秋葵 /1 根✤盐 /1 克✤糖 /1 克✤油 /10 克

做法 ▸▸▸▸ **豆芽蔬菜炒鸡肉**❶鸡胸肉去筋膜，切条；彩椒切条，胡萝卜切条，香菇切片，豆芽洗净摘去根，蒜切蒜末。❷锅中放油，中火，放入蒜末爆香，加入香菇、胡萝卜、鸡肉翻炒大概一分钟。❸放入彩椒和豆芽，调入除香油之外的调味料翻炒。❹等到豆芽稍微变软（半分钟左右），淋两三滴香油，关火出锅。

秋葵炒蛋❶秋葵洗净，用少许盐搓去表面的毛。❷秋葵去蒂，切片；鸡蛋打到碗里，放入切好的秋葵。❸放入糖和盐打匀鸡蛋。❹锅中放少许油，放入打好的鸡蛋液炒熟即可。

周二 Tuesday ▸▹▸▹ 菠菜三文鱼鸡蛋三明治

营养信息▸▹▸▹ / 490.3 千卡 / 48.5 克 / 19.0 克 / 32.2 克

食材 ▸▹▸▹ ✣市售全麦面包 /2 片✣菠菜 /20 克✣三文鱼 /100 克✣鸡蛋 /1 个✣油 /5 克✣盐 / 少许✣黑胡椒粉 / 少许✣青红葡萄 /100 克

做法 ▸▹▸▹ ❶取一个鸡蛋打散，放入洗好切段的菠菜，加少许盐搅拌均匀。❷锅中放少许油，倒入鸡蛋液，开始炒蛋；鸡蛋定型之后即可出锅。❸三文鱼切厚片（一定要稍厚一些，不然容易煎散）；利用锅中余油，小火煎三文鱼，待三文鱼定型后，撒盐和黑胡椒粉调味。❹取一片面包，均匀地铺上菠菜炒蛋，再铺上三文鱼片，盖上另一片面包。❺青红葡萄洗净，装进便当盒里。

周三 Wednesday ▸▹▸▹ 香菇土豆菠菜糙米饭团

营养信息▸▹▸▹ / 341.6 千卡 / 67.0 克 / 6.0 克 / 7.2 克

食材 ▸▹▸▹ **香菇土豆菠菜糙米饭团**✤糙米饭 /150 克✤土豆 /50 克✤香菇 /20 克✤菠菜 /20 克✤盐 / 少许✤黑胡椒粉 / 少许✤酱油 /5 毫升✤糖 / 少许✤油 /5 克

水果拼盘✤紫葡萄 /50 克✤青葡萄 /50 克✤哈密瓜 /50 克✤西瓜 /50 克

做法 ▸▹▸▹ **香菇土豆菠菜糙米饭团**❶糙米和大米拼配，蒸成糙米饭备用。❷土豆去皮切小块，香菇切小块，菠菜洗净切段。❸锅中放少许油，放入香菇和土豆煸炒，倒入约半碗水，调小火，盖锅盖焖煮五六分钟，直到土豆焖熟变软，转大火收干水分。❹放入菠菜一同翻炒，加盐、糖、酱油、黑胡椒粉调味，即可出锅。❺将炒好的土豆等放入米饭中搅拌均匀。❻待米饭稍凉之后，双手沾水捏成圆形的饭团，装盒即可。

周四 Thursday ▸▹▸▹ 黄瓜照烧鸡肉三明治

营养信息▸▹▸▹ / 414.9 千卡 / 47.9 克 / 11.1 克 / 27.5 克

食材 ▸▹▸▹ ✣市售全麦面包 /2 片✣鸡胸肉 /100 克✣洋葱 /30 克✣黄瓜 /80 克✣油 /5 克 ✣酱油 /5 毫升✣糖 /1 克✣西瓜 /150 克

做法 ▸▹▸▹ ❶鸡胸肉去掉筋膜，切成大的薄片。❷洋葱切丝，黄瓜洗净纵向切片。❸锅中放少许油，放入洋葱煸炒出香；放入鸡胸肉，小火煎到两面上色，加酱油和糖调味。❹加少许水，盖上锅盖焖两分钟，使洋葱变软，鸡肉彻底焖熟，大火收汁即可出锅。❺取一片面包片，并排铺上一层黄瓜；再均匀地铺一层洋葱，最后放上鸡肉厚片，盖上另一片面包即可。❻西瓜去皮切块，一起装入便当盒。

周五 Friday ▸▸▸▸ 番茄豌豆虾仁盖浇饭

营养信息▸▸▸▸ / 425.7 千卡 / 73.6 克 / 8.0 克 / 25.7 克

食材 ▸▸▸▸ ✤糙米饭 /150 克✤鲜虾 /5 只(可食部分约 50 克)✤豌豆粒 /30 克✤西红柿 /150 克✤油 /5 克✤番茄沙司 /5 克✤糖 / 少许✤盐 / 少许✤酱油 / 少许✤油菜 /100 克✤蒜 / 两瓣✤香油 / 少许

做法 ▸▸▸▸ **番茄豌豆虾仁**❶鲜虾洗净去皮去头，挑去虾线，剥成虾仁；西红柿在顶部用刀划十字，用热水烫一下，剥皮，切成碎块。❷锅中放少许油，放入西红柿小火慢慢煸炒；其间加入番茄沙司、酱油、糖和盐调味，如果汤汁不够，可以加一点水，直到西红柿变成浓浓的酱汁。❸放入豌豆粒和虾仁翻炒均匀，直到虾仁炒熟，即可出锅。

蒜蓉水焖油菜❶锅中加少许水，开中火，放入油菜，撒少许盐，盖上锅盖，焖到油菜变软。❷撒上切好的蒜蓉，转大火进行收汁，关火，淋两三滴香油即可出锅。

外食·旅行·夜宵·运动，四种“诱惑”时刻怎么吃？

周瑾 / text & photo
武芃 / illustration

营养信息 / 热量 碳水化合物 脂肪 蛋白质 膳食纤维

✶经常有减肥的朋友跟我说他的困扰：“我每天工作很忙，根本没时间为自己准备健康的食物。”“我每周至少有4次应酬饭，这足以对我的训练计划造成致命的打击，所以我的脂肪迟迟减不下去！”这在快节奏生活的现在，非常普遍。

❍就健康饮食来讲，外出就餐才能真正考验减肥者的决心，我们外出就餐的次数越多，做出健康的选择就愈加重要。如果不根据外出就餐、应酬饭、出差、旅行、加班夜宵、运动等诸多生活场景来调整餐单，并做出选择的话，减肥永远都是纸上谈兵。

❍那么，如何选择正确的食物并进行饮食搭配呢？我想介绍一种“盘子减肥法”，它其实是一种饮食行为矫正方法，有助于想减肥的朋友在各种进餐环境中都尽可能保证健康饮食习惯，维持健康体重，而不是临时大幅度减重，导致体重易反复波动。

❍什么是“盘子减肥法”？其实是在美国农业部颁布的“我的盘子”[1]基础上进行优化，选择适合国人的健康食材，按照盘子中每类食物的比例，合理安排每餐的进食，保证在营养均衡的基础上控制热量，以更健康的方式达到减肥目标。

❍需要遵循以下5个原则：

❶把每餐饮食分为四类食物：主食、肉蛋奶、蔬菜、水果。

❷主食：每日300~400克主食，粗粮杂粮、全谷类食物至少应占每日主食一半。

❸肉蛋奶：包括瘦肉、鱼虾、鸡蛋、脱脂牛奶和豆制品，平均每天至少100~200克瘦肉/鱼虾、200克豆腐、1~2个鸡蛋、250~500毫升低脂牛奶。

❹蔬菜：选择深色蔬菜，每天保证500克菜，凉拌、清蒸、生吃、少油快炒为主；不选择煎炸等烹饪方法。

❺水果：每天控制在250克以内，避免摄入过多糖分。

❍此外，盘子中不包括的食物如含糖饮料（碳酸饮料、果汁等）、饼干、薯片等加工类零食，尽量不吃或每周少于1次，这些纯热量的食物，很容易让人在不知不觉中摄入很高的热量。

❍在“盘子减肥法”的基础上，外出就餐、应酬、出差、旅行、加班夜宵、运动等生活场景，都可以实践更加健康的饮食方式。

1 “我的盘子”（My Plate）是2011年美国农业部公布的健康饮食新指南，通过餐盘式的图标将日常摄入分为蔬菜、水果、谷物、蛋白质四个部分，通过更简洁的方式提醒公众选择健康的饮食方式。

场景一

外出就餐 & 应酬

餐馆就餐或订购外卖

▸▹▸▹点餐和就餐原则◂◃◂◃

❶ 点餐前多喝水或汤，可填饱你的胃并减少进食量。
❷ 控制热量和脂肪摄入，先食用用油少的凉拌菜、清蒸菜，再选择卤、煮、炖、熘、炝等烹调方法的菜，尽量避免煎、炸、油焖、干烧、干烤等方式制作的食物，否则脂肪的摄入会超出 2~3 倍。
❸ 容易吃饱的诀窍——慢慢吃，瘦人对饱腹感的反应时间约 12 分钟，胖人约 20 分钟，确保大脑有足够时间产生饱腹感，这样可减少进餐量的 15%，长久积累下来，会有显著的减肥效果。
❹ 少喝含糖饮料，水和茶要成为你的首选。500 毫升的碳酸饮料或果汁，相当于 200 克米饭的热量，尽量避免酒精类饮料如啤酒等，记住：酒精的热量几乎是糖分的 2 倍，不控制的话，它可能就是你健身迟迟不能见效的罪魁祸首！
❺ 记住点菜时的营养公式，“盘子减肥法”= 粗粮杂粮＋ 1 份凉拌菜 / 蒸菜＋ 1 份健康脂肪的蛋白质类食物＋ 1 份低脂汤。

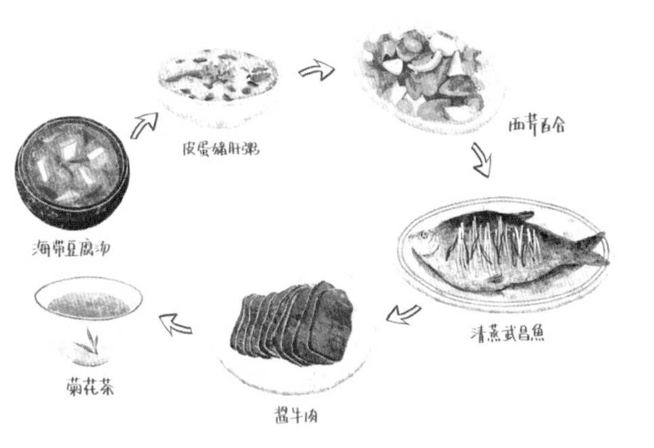

▸▹▸▹参考菜单◂◃◂◃

粗粮杂粮

✣蒸红薯✣玉米✣紫薯✣小米粥
✣红豆粥✣糙米饭✣红豆米饭等

凉拌菜或蒸菜

✣牛油果蔬菜沙拉（油醋汁）
✣果醋木耳
✣黑椒芦笋✣凉拌海带丝✣拍黄瓜等

低脂肪蛋白质类

✣苦瓜酿肉✣瘦培根芦笋卷
✣清蒸鱼
✣白灼虾✣黑椒牛排等

低脂汤

✣豆芽豆腐汤✣西红柿鸡蛋汤✣紫菜蛋汤等

应酬饭

▸▹▸▹点餐和就餐原则◂◃◂◃

❶ 进餐遵循“盘子减肥法”。
❷ 按照汤—养生粥—蔬菜—肉类的顺序进餐，先吃易消化食物，蔬菜可选择豆芽、藕、小白菜等。
❸ 一半以上的菜品选择凉拌、清蒸、白灼等清淡少油的烹饪方法，不点或者少点煎炸类菜品。
❹ 喝酒要适量，酒后要及时解酒。

▸▹▸▹关于酒的摄入问题◂◃◂◃

✣首先，酒局的前一餐补充维生素 A、维生素 C、维生素 E、B 族维生素，B 族维生素可帮助肝脏解毒。可选择富含蛋白质的豆浆、牛奶、八宝粥和富含维生素的凉拌番茄、芝麻糊、燕麦粥等。✣其次，饮酒要限量，少量酒可促进胃液分泌，帮助消化，促进血液循环，一般选择红葡萄酒最为适宜。✣再次，醉酒过后应多喝些果汁、蔬菜汁、蜂蜜水、酸奶、绿豆汤、醋、米汤，或吃些西瓜、葡萄、番茄等，因其不仅富含维生素和矿物质，还可以补充体内损失的水分，对醒酒有极大帮助，但忌用浓茶来解酒。✣最后，第二天醒酒后如果头痛，可喝些蜂蜜水，吃点香蕉，吃些柔软易消化的面包、稀饭、新鲜水果、豆浆、牛奶，忌吃高盐高脂、煎炸或烤的食物。

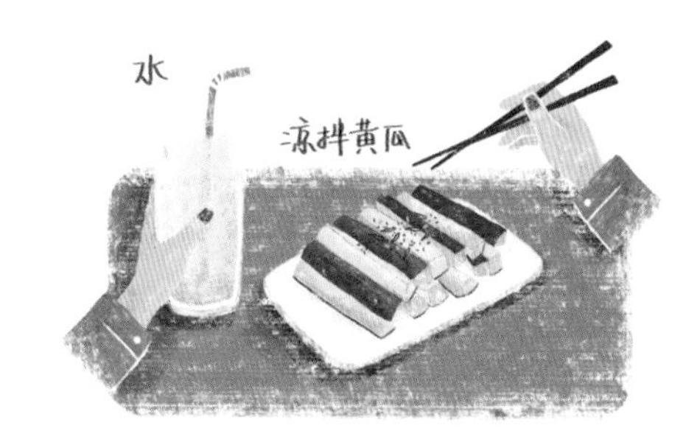

▸▹▸▹参考菜单◂◃◂◃

汤

✣海带豆腐汤

主食

✣绿豆海带粥✣皮蛋猪肝粥✣八宝粥

凉菜

✣蔬果沙拉✣酱牛肉✣菠菜花生✣凉拌三丝✣凉拌豆腐✣凉拌黄瓜

热菜

✣豆腐丸子✣孜然羊肉✣清蒸鱼✣西芹百合✣清蒸山药芋头✣白灼虾✣清蒸生蚝

甜点

✣糯玉米✣清蒸芋头

饮料和酒水

✣铁观音✣菊花茶✣红酒

场景二

旅行和出差

旅行途中

外出旅行不可避免要吃一些当地的特色美食，结果旅行回来，发现体重增长很多，大大破坏了减肥计划。

▸▹▸▹点餐和就餐原则◂◃◂◃

❶ 注意食品卫生和安全，尽量少食小馆子或大排档，随身常备止泻药，预防不适情况出现。
❷ 外出旅游，品尝当地美食是一定要的，但要做到适可而止，控制好量，吃好点，少吃点。
❸ 多走路，多消耗，可找一个体重计每天清晨空腹时量一量，如果体重增长，可在当天多走路活动，并控制饮食，旅行期间就不会增重太多。

▸▹▸▹实用小贴士◂◃◂◃

✣自带一个水杯，每天在旅馆冲泡一杯绿茶或红茶，就餐时要些热水。因为这样可以避免旅途中购买大量饮料解渴，可以减少很多热量摄入，而且茶叶中富含茶多酚等，可以提高脂肪代谢，防止发胖。

出差途中

▸▹▸▹早餐◂◃◂◃

✣在外出差，一般酒店都会提供自助早餐，而且种类通常很丰富，也有当地特色，但最大的诱惑和危险就是不小心吃过量，所以，要记得根据“盘子减肥法”来选择早餐。

粗粮／全谷类主食	蔬菜／水果	健康脂肪的蛋白质	均衡早餐
燕麦片	黄瓜	煮鸡蛋	燕麦片＋苹果＋低脂牛奶
红薯／芋头	菠菜等新鲜绿叶蔬菜	豆浆／豆腐干／豆腐丝	小米粥＋玉米窝头＋凉拌菠菜＋煮鸡蛋
小米粥	海带	酱牛肉	香蕉奶昔（香蕉＋牛奶＋乳清蛋白粉）
玉米窝头	时令水果	低脂牛奶＋鸡蛋	红薯＋蔬菜沙拉＋低脂奶＋煮鸡蛋

▸▹▸▹午餐和晚餐◂◃◂◃

✣午餐以清淡食物为主，但如果很难做到，晚餐要清淡些。每天保持摄入500克菜十分重要。✣清淡是指以凉拌或清蒸菜肴为主，还可加入大量的蔬菜沙拉。如果在当地逗留几天时间，建议为了保证足量水果和蔬菜的摄入，可以在附近超市或市场购买一些新鲜水果蔬菜，保证每天摄入蔬菜至少500克。如果所入住的宾馆有冰箱，可以在冰箱里放一些低脂奶、豆浆、全麦面包、黄瓜、西红柿等健康食品，代替火腿肠、午餐肉、方便面、饼干等高脂肪、高热量方便食品。

场景三

加班夜宵

有一种发胖叫作“过劳肥”，其实就是我们工作压力大时，尤其熬夜加班时，容易用食物来缓解压力，结果工作努力却越来越胖。
控制好晚餐和夜宵，是防止“过劳肥”十分重要的环节。

▸ ▹ ▸ ▹ 点餐和就餐原则 ◂ ◃ ◂ ◃

红灯食物——不要吃

✤ 夜间其实体力活动少，无须很多能量，但为保证基本需求，晚餐加夜宵的摄入量，最好控制在全天热量的30%。以下“高卡路里”食物不要吃：

✤饼干（包括苏打饼干）✤薯片／薯条
✤碳酸饮料✤吃水果而非喝果汁
✤油炸鸡翅鸡腿鸡皮等✤烤串✤啤酒✤各种坚果等

绿灯食物——可以吃

✤蒸鸡蛋羹✤水果奶昔（水果和低脂奶搅打而成）
✤海苔✤黄瓜
✤西红柿
✤猕猴桃
✤柚子
✤如果是西瓜，仅限吃1~2块，控制在250克以内。

场景四

运动前后

✤经常有朋友询问，为什么我很努力地运动，但减肥效果却不好，有时候反而体重增加？为什么我想增加肌肉，但却越练越瘦，肌肉增加并不明显？如果你的运动方式很科学，也坚持得不错，效果却不理想，那就该反思一下是不是饮食出了问题！健身圈里有一句话叫“三分练，七分吃”，可不是随便说说的。✤我们总是夸大运动消耗量，而小看食物的热量。不要以为每天走路和跑步，就可以多吃。快走1万步，每公斤大概能消耗4~5千卡热量，按照60公斤计算，大约240~300千卡热量，这个热量抵不过1包饼干（410千卡）、1包方便面（480千卡）、100克瓜子（610千卡）的热量。所以合理的运动，一定要在控制饮食摄入的基础上，才能更快更健康地达到减肥目标。✤运动前后的营养补充对于保持好的体能水平、延缓疲劳发生、促进运动后肌肉合成和恢复、促进疲劳快速消除都十分关键。那么运动前、运动中和运动后应该怎样安排饮食和加餐？

训练前2~3个小时

▸▹▸▹对于减脂者来说◂◃◂◃

✤对于想减肥的健身者来说，运动前适当保持空腹十分有利于脂肪的充分燃烧，尤指有氧运动，因为运动前30分钟以消耗体内糖分为主，运动时间越长，脂肪动员越多；运动前补充香蕉、面包或者葡萄干等富含糖分的食物过多，会一定程度上抑制脂肪的分解代谢。

▸▹▸▹对于耐力、力量训练者来说◂◃◂◃

✤最好在训练前2~3个小时安排一次加餐，这是因为剧烈运动会使参与消化的血液流向肌肉和骨骼，影响胃肠部的消化和吸收。如果饭后立即剧烈运动会引起腹痛和不适感。所以需要提前2~3个小时安排一次加餐，保证运动训练时充沛的体能。✤这个时间段的加餐也很有讲究，面包、麦片、豆奶粉等高糖类食物是首选。这些食物富含淀粉等碳水化合物，又能提供糖类，可作为运动时的能量来源。分量较少的加餐约需2~3小时消化，这样可以让你在2~3小时后的增肌训练过程中不感觉饥饿，体力充沛，也不会因为吃得太多而感觉肠胃不适。

 训练前和训练过程中

✣对于减肥者来说，运动过程中尽量不要补充含糖的食物，保证脂肪的充分燃烧。✣对于耐力和力量训练者来说，在进行力量训练前和运动间歇，应该补充适量香蕉、葡萄干等可以快速吸收的食物，可促进机体吸收和利用血糖，延缓疲劳的产生，让训练过程中有“持续不断”的能量供应，保护肌肉不会因为能量不足而分解，效果更好。✣此外，对于各类运动爱好者来说，不论减肥还是为了增强肌肉和体能水平，运动中一定要保证充足的水分补充，这对体能的保持十分重要，因为身体丢失水分 3%，运动能力会下降 10%~15%。

补充方法

✣运动时间 1 小时以内，以补充矿泉水为主。

✣运动时间 1 小时以上，每运动 1 小时，补充 500 毫升富含电解质和维生素的运动饮料。

✣运动 3 小时，可补充 1000 毫升左右。

✣高温高湿环境中，根据身体的流汗量适当增加，保证运动全程没有明显的口渴感觉为基本要求。

 大强度训练结束 30 分钟内

✣训练后 2 小时之内，是修复肌肉、促进恢复的黄金时段，这段时间安排能够快速吸收的高营养密度的加餐，是运动后增肌的关键时间。对于减肥者来说，运动后适当补充水分或低脂酸奶即可，不必额外补充过多营养。

✣对于耐力、力量训练者来说，运动后 2 小时内，至少补充 25 克氨基酸 / 蛋白质（如补充 1 勺乳清蛋白）和每 1000 克富含糖 1.2 克的食物。我们以 70 公斤健美爱好者为例，大约需要在 2 小时之内补充 84 克碳水化合物，大约 500 毫升运动饮料加上 1 根香蕉。

✣那么，怎样合理安排运动训练前后的加餐？

✣建议选择以下食物　关键词✣易消化✣易吸收✣便于携带

食物分类	食物名称	推荐理由
富含碳水化合物（糖）的食物	全麦面包、麦片、豆奶粉、面包、葡萄干、香蕉、苹果、运动饮料等	高糖、低脂肪，满足不同训练时间的需求
富含蛋白质的食物	乳清蛋白、脱脂牛奶	高蛋白、低脂肪，不增加胃肠道负担，容易消化吸收
富含“盐”的食物	运动饮料、香蕉	富含电解质，防止大量盐丢失导致体力下降、脱水、肌肉抽搐等

✣不建议选择以下食物

食物分类	食物名称	不推荐理由
精加工的碳水化合物	碳酸饮料、加工过的果汁、糖果、点心等	富含蔗糖等简单糖，造成血糖起起落落，容易引起疲劳和脂肪堆积
高脂肪、高热量食物	人造黄油、饼干、糖果、薯片、蛋糕和油炸食品	产生大量酸性代谢产物，容易引起疲劳、心血管疾病和肥胖
咖啡因	可乐、咖啡、茶饮料	脱水，有兴奋作用，容易过度训练

✤ 营 养 师 推 荐 健 康 食 谱 ✤

清炒芦笋虾仁

营养信息 ▸▸▸▸ / 303.0 千卡 / 7.5 克 / 15.0 克 / 36.5 克 / 4.8 克

食材 ▸▸▸▸ ✤芦笋 /250 克✤鲜虾 /20 只✤油 /10 克✤盐 / 少量✤料酒 / 适量

做法 ▸▸▸▸ ❶鲜虾开背去虾线，剥壳成虾仁，加半勺盐、料酒腌制片刻。❷芦笋用刨子削去下半段的硬表皮，斜切成段。❸起油锅，大火烧热，加入芦笋和虾仁，炒至虾仁变红，加一勺盐，再炒一会儿，炒匀即可出锅。

营养分析 ▸▸▸▸ 这是一道高纤维、高蛋白、低脂肪的健康食谱。❶芦笋和虾的营养互补，富含维生素、膳食纤维和蛋白质的一道健康菜，十分适合减肥、塑身，保持健康体重人士日常补充，同样适用于糖尿病患者。❷芦笋的营养价值很高，含有丰富的抗癌元素之王——硒，是非常好的抗癌食品。❸虾低脂肪高蛋白的营养特点，十分适合减肥塑身时期补充。

番茄豆腐豆芽汤

营养信息 ▸▸▸▸ / 122.0 千卡 / 8.8 克 / 4.7 克 / 11.2 克 / 3.3 克

食材 ▸▸▸▸ ✤番茄 /100 克✤北豆腐 /100 克✤豆芽菜 /50 克✤香菜 / 少许✤盐 /10 克

做法 ▸▸▸▸ ❶将番茄洗净切块，豆腐切成小方块，豆芽菜去根洗净，香菜洗净切段。❷锅中放清水、豆腐块，开锅煮 5 分钟，再加番茄块、豆芽菜略煮，放盐调味，撒上香菜段即可。

营养分析 ▸▸▸▸ 这是一道美容、抗衰老又减肥瘦身的素食汤。❶番茄富含番茄红素，其抗氧化活性相当于维生素 C 的 1000 倍、维生素 E 的 100 倍，具有延缓衰老、降低坏胆固醇等作用，加热和搭配少量油更容易吸收；豆腐富含大豆异黄酮，可以双向调节体内雌激素，对于女性延缓衰老、预防骨质疏松有非常好的作用。❷餐前喝汤，苗条健康。这道低脂肪清汤十分适合减肥人士餐前补充。当然对于想增肥、撑大胃口的瘦弱人士，建议餐后最后喝，有助于增加胃口，可以摄入更多的食物和热量。❸素食者适用。素食者容易出现的营养问题是蛋白质不足和脂肪超标，这道汤搭配豆腐，保证了优质蛋白质，少油的做法，又有效控制了脂肪摄入。

专访 ……… × Jessica Jones × Wendy Lopez

没时间，从来都不是理由

专访营养学家 Jessica Jones、Wendy Lopez

金梦 / interview & text
Food Heaven Made Easy / photo courtesy
营养信息 / 热量 碳水化合物 脂肪 蛋白质

✳俗话说，鱼与熊掌不可兼得，想要吃得健康、美味同时快速，想来是很难实现的。一般人想到“快”，便想到高热量的快餐，于是在时间就是一切的今天，各种谈不上美味、更和健康无关的快餐与外卖，成了生活里不得已的选择。

○而在美国纽约有这么一对好友，在兼顾健康、美味与快速上颇有心得。两人都是营养学家，相差几岁，偶然相识，之后又一起参加了“纽约农民市场”项目的工作。在那里她们帮助农民普及营养知识，教授他们如何平衡膳食，同时鼓励人们自己种植蔬菜。在一起工作的期间，她们发现二人对膳食、健康的理念非常契合，所以在项目结束之后，二人为了继续将健康膳食的理念传递给更多的人，便一拍即合地建立了“Food Heaven Made Easy”这个平台。

○在这个平台上，她们将各种看似枯燥的营养知识，以极其轻松简单的方式向大家传授，同时会不定期地更新一些快手、健康、美味真正兼得的食谱。还会分享一些有关平衡膳食的知识，比如如何合理规划饮食、运动和饮食应该如何结合等。为了让大家更好地了解，她们也制作视频，亲身讲解怎样在时间紧迫的前提下，也可以吃得健康美味，也可以做适当运动。对她们来说，没时间，真的不是理由。

PROFILE

Jessica Jones
（杰茜卡·约内斯）
职业膳食学家与营养学家，从小热爱写作与学习营养知识，因此她将二者结合起来，和Wendy Lopez一起创立了“Food Heaven Made Easy”网站。

PROFILE

Wendy Lopez
（温迪·洛佩斯）
职业营养学家。幼时成长于一个慢性疾病多发的社区，尤以高血压和糖尿病居多。这种成长经历让她明白了健康的重要性，所以在大学时她选择了营养学专业，以求更加系统、科学地帮助更多有需要的人。

● Wendy 与 Jessica 正在准备第二天的食谱所需食材。为自己做一顿简单、营养的午餐，并没有那么难。

食帖 ▻ 你们二人是如何结识的？当初为何想要建立 Food Heaven Made Easy 这个平台？

Jessica（以下简称“Jess”） ▻ 初次见面是在一个共同朋友的聚会上。很巧的是，那时我刚准备步入大学学习营养学专业；而 Wendy 也正准备继续考研深造。所以我们便有了在一起学习的机会。之后，我们又一起参与了一个叫作“纽约农民市场”的项目，这段工作经历让我们意识到现代人对于营养学知识的匮乏。于是决定一起建立一个与健康饮食相关的网站，来帮助更多有需要的人，并将健康膳食的理念传授给更多的人。

食帖 ▻ 你们对健康饮食的理解是怎样的？

Wendy（以下简称“Wen”） ▻ 我们对自己的饮食有一定的规划性，一般来说我们每天摄入的食物中，有 90% 都是十分健康的食物，剩下 10% 则是按照自己的喜好去挑选。因为我们发现，当你对自己的饮食要求得特别严格时，吃饭就不再是一件令人享受的事，反而成了一种负担。但当你以一种轻松的心态去看待，每天在合理的范围内自主选择喜欢的食物时，你会发现吃得健康并没那么难。时间一长，你会习惯这种状态，真正做到自主地健康饮食。

食帖 ▻ 对你们来说，在追求健康瘦身之路上，运动扮演着怎样的角色？

Wen ▻ 对于健康来说，锻炼是非常重要的一环。研究显示，如果一个人每天锻炼 30 分钟，并且一周坚持五天的话，会帮助降低肥胖症、“三高”等疾病的发生率。同时，锻炼对改善我们的情绪也有很大的帮助，比如减压，尤其是对一些高强度工作人士来说。我觉得锻炼的关键是要合理地利用任何空隙时间，Jess 就会在午饭后做一些简单的运动，既帮助消化又锻炼了身体。所以，没必要将锻炼搞得那么正式，并不是一定要去健身房，或者一定要有好的配备才叫锻炼。其实将每天坐车上班改成步行，或者坐久了时不时地站起来走动一下，这都是锻炼，关键是在于你愿不愿意动，而不是如何去动。

食帖 ▻ 你们分享的食谱会侧重哪些方面？

Jess ▻ 由于我和 Wen 的工作都非常忙，所以“快”与“简单”就变成了十分重要的因素，对我们而言，高级不等于 100% 美味，品尝好的食物没有必要一定要去高档的餐厅。我们就是一直在研究如何在“快”与“简单”的条件下，将料理做得既健康又美味。

食帖 ▻ 近几年全球互联网上都在传播“detox”(排毒)这一说法,你们怎样看待“detox”?

Jess ▻ 我认为没有一种所谓的“detox”可以代替健康的饮食加上适当的锻炼。人体是可以自行代谢掉体内的杂质与废物的,只要你够健康。平常的饮食要多以蔬菜、水果、坚果以及五谷杂粮为主,当然不要忘记多喝水,因为它可以帮助你加快新陈代谢。

Wen ▻ 在我看来,所有的饮食减肥理念都是换汤不换药的,本质上都是:你要严格控制所摄入的卡路里数。对女士来说,如果你想瘦身的话,你每天所摄入的热量不能超过1500千卡,而男士则不能超过1800千卡。

食帖 ▻ 你们各自的每日作息大概是怎样的?

Wen ▻ 不管是想要健康还是瘦身,最重要的事莫过于睡眠,如果你不能保证充足的睡眠,那么无论你怎样锻炼和调整膳食,其效果都会大打折扣。我和Jess通常每天都会保障至少8小时的睡眠。我们每周还会抽出一天,来计划这周的饮食。比如Jess,一般会在周二晚上定制她下周的饮食清单,周五下午会去购物,这样在超市时就会直奔目的地,选购所需食材,而不是盲目乱买。这样你还可以省下周末的时光,做一些想做的事。

至于运动部分,我们俩每天至少锻炼30分钟,每周最少5天。我们一般偏向在“不知不觉”中做运动,像是做家务、遛狗这些都可以。有时我们周末也会一起去做瑜伽。fin.

◍ 忙里偷闲的午后时光。她们会在午餐后做些简单的运动,然后喝点茶。

✣ Jess 和 Wen 最喜欢的快手健康零食 ✣

蓝莓燕麦能量棒 ▸▹▸▹ *Blueberry Oat Bars*

for 3 persons

营养信息 *for 1 person* ▸▹▸▹ /305.6千卡 /24.2克 /9.4克 /10.8克

食材 ▸▹▸▹ ✣燕麦/500克✣蓝莓干/250克✣杏仁/250克✣苹果酱/250毫升✣蜂蜜/75毫升✣肉桂粉/3克✣香草精/3毫升

做法 ▸▹▸▹ ❶将苹果酱、蜂蜜、肉桂粉和香草精放入碗中搅拌均匀。❷将燕麦、蓝莓干和杏仁放入搅拌机中搅碎。❸将❶中的酱汁浇入❷中，搅拌均匀后倒入烤盘中。❹烤箱预热至 175℃，烘烤 30 分钟左右，待冷却后切片即可。

填馅红薯沙拉 ▸▹▸▹ *Stuffed Ranchero Sweet Potato*

for 2 persons

营养信息 *for 1 person* ▸▹▸▹ /256.2千卡 /44.1克 /2.8克 /14.7克

食材 ▸▹▸▹ ✤红薯/1个✤黑豆/250克✤番茄/1个✤蒜末/适量✤洋葱碎/10克✤青柠汁/少许✤香菜/10克

做法 ▸▹▸▹ ❶将红薯洗净，放入微波炉中加热5~10分钟。❷番茄切丁，与蒜末和洋葱碎混合，搅拌均匀。❸红薯对半切开，轻微碾压一下。❹填入黑豆，浇入❷中的食材，挤少许青柠汁、撒香菜即可。

主食可怕？那是你没吃对主食！

金梦 / text & edit
金梦 / photo courtesy
营养信息 / 热量 碳水化合物 脂肪 蛋白质

✶在中国人的传统饮食习惯中，一日三餐，缺一不可，从早餐的油条、豆浆、包子到午餐晚餐的米饭、馒头、清粥、面条，可以看到，各类以米面为基础的主食，在我们的一日三餐中占据了相当大的比重。所谓“主食”，即主要的食物，不论中国南方还是北方，米食与面食总是轮番上阵，担当着中国人传统日常饮食里的主角。但不知从何时起，不吃主食就可以保持好身材的概念开始深入人心，原因是这些高碳水化合物即高糖分的食材，的确会对我们的身材造成一些影响。

○然而，难道因此就不能再吃“饭”了吗？想要减脂增肌或是健康地瘦下来，充满活力的身体状态是前提。而为了维持身体各项器官和细胞的正常活动，就必须保证营养摄入均衡，摄入充足且适量的碳水化合物与蛋白质必不可少。因此，吃主食并不是阻碍我们保持好身材的绊脚石，相反，如果选对主食，吃的效果或许会比不吃更好。

○在我们的日常生活中，主食摄入多以精米、精面这类单一碳水化合物为主，而这类主食通常由于被过度加工，导致了一部分营养元素流失；而粗粮的加工相对简单，保存了许多细粮中没有的营养成分。从营养成分上看，粗粮的膳食纤维以及B族维生素含量更为丰富。尤其是粗粮中丰富的不可溶性纤维，有助于消化系统正常运转。它与可溶性纤维协同工作，可降低血液中低密度胆固醇（导致动脉硬化的主因，俗称“坏胆固醇”）和甘油三酯（人体内含量最多的脂类）的浓度；并增加食物在胃里的停留时间，延迟饭后人体对葡萄糖的吸收速度，使饱腹感延长，不会急于再次吃东西，这样便会减少罹患糖尿病、肥胖症的风险。但是万事过犹不及，如果只是一味地摄入粗粮，长此以往会导致肠胃对营养素的吸收能力降低，从而引发营养不良。

○所以，不妨在每天的饮食中，按照一定比例掺入像糙米、红薯、豆类这类高蛋白、低脂肪、富含膳食纤维的粗粮主食；或将主食全部替换为五谷杂粮，但同时一定注意摄入一些可溶性纤维来源，如海藻类食物。这样不仅可以帮助肠道菌群恢复健康平衡，同时还可及时排出体内残存宿便，既保持了好身材，又吃到了让胃踏实的“饭”。

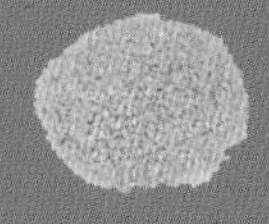

Brown Rice
❖❖❖ 糙米 ❖❖❖

营养信息 per 100g ▸▸▸▸ / 370.0 千卡 / 77.2 克 / 2.9 克 / 7.9 克

✤大米中 60%~70% 的维生素、矿物质和大量氨基酸都聚集在其外层组织中，精米在加工过程中被除去外壳，再加上煮饭前的反复淘洗，迫使表层维生素和矿物质进一步流失，剩下的便只有碳水化合物和蛋白质了。✤而糙米，正因其未经深度加工，仍保存糠皮和胚芽，所以其B族维生素、维生素E与镁、钾等矿物质含量都比精米高，而这些都是促进糖分代谢的关键元素；同时，由于外层组织保护，糙米不像精米那样易于被吸收和消化，有助于促进新陈代谢，抑制血糖水平；糙米含有大量膳食纤维，有助于加速肠道蠕动，并与胆汁中的胆固醇结合，促进胆固醇排出；糙米本身的血糖指数也比精米要低得多，所以在吃等量时具有更好的饱腹感，有利于控制食量，从而帮助肥胖者减肥。✤但要注意的是，一定要选择无农药的糙米，防止糠皮表面有农药残留；煮之前还需充分浸泡。

Oat
❖❖❖ 燕麦 ❖❖❖

营养信息 per 100g ▸▸▸▸ / 389.0 千卡 / 66.2 克 / 6.9 克 / 16.9 克

✤分为皮燕麦和裸燕麦，皮燕麦是成熟后带壳的燕麦，裸燕麦成熟后不带壳，又被称为莜麦。✤燕麦中除了含有其他谷物中也很丰富的不可溶性膳食纤维外，也含有大量可溶性膳食纤维。这种纤维具备降胆固醇和降血脂的作用，同时较其他纤维来说，更易被人体吸收，且热量很低。同时可缓解便秘，促进肠道蠕动，加快新陈代谢的速度。✤皮燕麦因有外壳包裹，较细粮来说没有那么容易被消化吸收，所以可以延

长饱腹感。燕麦的食用方式也十分简单，既可煮粥，或与牛奶同食，也可制作成各种健康小零食，真的是方便、快捷、美味兼顾。

Corn
❖❖❖ 玉米 ❖❖❖

营养信息 per 100g ▸▸▸▸ / 86.0 千卡 / 18.7 克 / 1.4 克 / 3.3 克

✤玉米可以说是一种全身都是宝的粗粮，首先，玉米的膳食纤维含量很高，还含有大量镁、维生素 B_6、烟酸等具有促进肠壁蠕动功能的“催化剂”，可有效刺激机体废物的排泄；而玉米须则有利尿作用，有助于排除身体多余水分；玉米胚尖所含的营养物质有提高人体新陈代谢、调节神经系统的功能。所以，如果可以每天食用一根玉米，或用玉米来代替晚餐的米面主食，对于正在减肥的人来说是十分合适的。

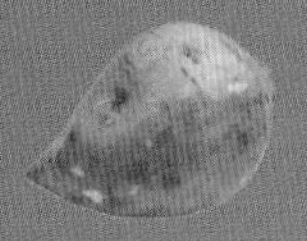

Sweet Potato
❖❖❖ 红薯 ❖❖❖

营养信息 per 100g ▸▸▸▸ / 86.0 千卡 / 20.1 克 / 0.1 克 / 1.6 克

✤人们一直以来都对红薯存在一种误解，即认为红薯因含糖量高，所以会热量“爆棚”，是减肥大敌。其实恰恰相反，红薯是一种非常理想的健康瘦身食材，它的热量只有大米的 1/3，但富含膳食纤维和果胶，具有阻止糖分转化为脂肪的特殊功能。红薯含有大量不易被吸收消化的纤维素和果胶，能刺激消化液分泌及肠胃蠕动，从而起到通便作用。同时纤维素能吸收一部分葡萄糖，使血液中含糖量减少，有助于预防糖尿病。另外，它含量丰富的 β- 胡萝卜素是一种有效的抗氧化剂，有助于清除体内的自由基。红薯蛋白质质量高，可弥补大米、白面中的营养缺失，经常食用可提高人体对主食中营养的利用率。✤需要注意的是，消化不良的人要慎食红薯，因红薯糖分较多，身体一时吸收不完，剩余部分便滞留在肠道内，使腹部不适。

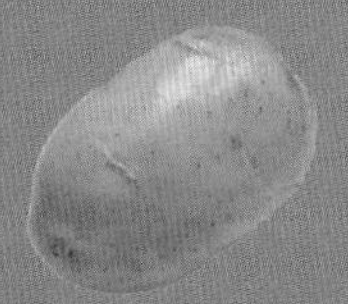

Potato
❖❖❖ 马铃薯 ❖❖❖

营养信息 per 100g ▸▸▸▸ / 77.0 千卡 / 17.5 克 / 0 克 / 2.0 克

✤马铃薯大概是被误解得最多的食材了。在大多数人的印象中，马铃薯 = 淀粉，且不存在任何对人体健康有益的营养物质。但这其实是非常错误的。✤首先，马铃薯的蛋白质含量很高，且优质，相当于鸡蛋的蛋白质，易于消化吸收。而且马铃薯的蛋白质中含有 18 种氨基酸，包括人体不能合成的各种必需氨基酸。✤其次，马铃薯热量虽高，却含有丰富的膳食纤维，因此在食用马铃薯后，肠胃对其吸收较慢，消化速度也会比普通米面慢得多，所以更能增加饱腹感，完全可作为主食，为身体持续提供能量。✤再者，马铃薯也是所有粮食作物中维生素含量最全的。据调查，其维生素所含总量，是胡萝卜的 2 倍、大白菜的 3 倍、番茄的 4 倍，而 B 族维生素更是苹果的 4 倍。✤最后，虽然马铃薯被定义为高碳水食材，但其实它的碳水含量仅是同等重量精米的 1/4 左右；而马铃薯中的淀粉是一种抗性淀粉，具有缩小脂肪细胞的作用；同时它还是非常好的高钾低钠食品，很适合水肿型肥胖者食用。

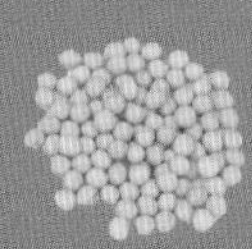

Soybean
❖❖❖ 黄豆 ❖❖❖

营养信息 per 100g ▸▸▸▸ / 345.0 千卡 / 60.7 克 / 2.6 克 / 22.0 克

✤黄豆为谷物中蛋白质含量最丰富的，其含量高于猪里脊肉，约为鸡蛋中蛋白质含量的 2.5 倍，并且质量极高。大豆脂肪也具有很高的营养价值，这种脂肪里含有很多不饱和脂肪酸，易被人体消化吸收。大豆脂肪还可阻止胆固醇的吸收，对于动脉硬化患者来说，是一种理想的营养品。胆固醇过高，便会导致内脏脂肪聚集，造成“内在肥胖”，这类人群往往比外在肥胖者更具罹患重大疾病的危险。黄豆中丰富的膳食纤维，也有助于促进消化和正常排泄。

Black Bean
❖❖❖ 黑豆 ❖❖❖

营养信息 per 100g ▸▸▸▸ / 341.0 千卡 / 62.3 克 / 1.4 克 / 21.6 克

✤黑豆与黄豆一样，是高蛋白低热量的代表性食物。黑豆含有 19% 的油脂，且不含胆固醇，只含一种植物固醇。在满足人体对脂肪的需求下，还具有抑制人体吸收胆固醇、降低血液中胆固醇含量的作用。✤同时，黑豆中粗纤维素含量约为 4%，可帮助肠道蠕动，使肠内胀气与有害物质顺利排出，还能改善肠内菌群环境，具有整肠作用。与黄豆不同的是，黑豆含有花青素，可有效防止脂肪进入小肠后被人体吸收，并令脂肪顺利排出体外，不易造成脂肪囤积。✤但需要注意的是，黑豆炒熟后食用可能会引起便秘。黑豆炒熟后干食的话，蛋白质消化率极差，因此，建议食用黑豆时最好煮食，或做成豆浆、豆腐等豆制品。

Purple Rice
❖❖❖ 紫米 ❖❖❖

营养信息 per 100g ▸▸▸▸ / 343.0 千卡 / 75.1 克 / 1.7 克 / 8.3 克

✤不同于大多数呈“酸”性的米，紫米为碱性食品。紫米含有淀粉、蛋白质、脂肪、纤维素，以及铁、钙、锌、硒等多种矿物质和微量元素，并且氨基酸含量丰富。氨基酸是构成蛋白质的基础，但有些氨基酸是人体无法合成的，必须不断从食物中摄入，而紫米的氨基酸含量比普通大米高出 70%。蛋白质是组成人体一切细胞、组织的重要成分，和碳水化合物相比不那么容易被消化，从而能延长饱腹感。同时据测算，一粒紫米的纤维含量在 1.5%~2% 之间，而纤维素有促进肠道蠕动、刺激消化液分泌、减少胆固醇吸收等作用。因此，紫米是一种极佳的代替精米的主食。

思慕雪：懒人的营养加餐首选

邵梦莹 / text
陈晗 / edit
邵梦莹 / photo courtesy
营养信息 / 热量 碳水化合物 脂肪 蛋白质 膳食纤维

✴思慕雪（Smoothie）或许是当下全球最火的饮品之一。将新鲜蔬菜、水果、乳制品或果汁、坚果、种子和冰块等，一齐加入到搅拌机中打成沙冰，不仅保留了食材最原始的味道，同时也因食材的丰富性而使思慕雪的营养价值更加完整。思暮雪最大的优点，就是在保证营养充足且均衡的情况下，能够以最简单快速的方式呈现并被摄取，对生活节奏较快的人来说非常适合。组合搭配的多样性，也让思慕雪成了一种不易被厌倦、可发挥想象力的对象。✴一杯健康的思慕雪应兼备高蛋白、膳食纤维丰富、低脂、低热量、高营养密度的特点，很适合正在调理饮食结构、强化均衡营养并控制体重的人。因每个人的身体状况都不同，有些人可能需要多一些膳食纤维，则可多加一些高纤维蔬菜水果；有些需要补充蛋白质，则可多添加高蛋白的豆奶、牛奶等；如果还有其他特定营养需求，也可选择相应食材添加到思慕雪中。这种因人而异的私人营养定制感，或许也是思慕雪的魅力之一。

6 步打造一杯私人营养思慕雪

❶先加入水果（1～3 种，200~300 克）：草莓、红梅、蓝莓、菠萝、提子、橙子、苹果、梨子、桃子、奇异果、木瓜、哈密瓜等各式水果；绿叶蔬菜（100~200 克）：菠菜、羽衣甘蓝、长叶莴苣、甜菜叶、西蓝花等。
❷倒入液体（240~480 毫升）：椰子水、牛奶、果汁、酸奶、豆奶、豆浆、水等。
❸增加使质地浓稠的食材（非必须）：牛油果、香蕉、杧果、熟谷物（如藜麦、燕麦等）、坚果酱、酸奶（如希腊酸奶）等。
❹稍加调味（非必须）：辣椒粉、香草、鲜橘皮、香草精、蜂蜜、枫糖浆等。
❺能量补充（非必须）：可少量加入营养价值非常高的奇亚籽、亚麻籽、山核桃、扁桃仁、腰果、藜麦、燕麦、南瓜子等。
❻最后加入冰块，与所有原料一起在搅拌机中搅打至冰沙状态即可；也可提前将水果切块冷冻，直接用冷冻水果块制作，则可免去加冰步骤，也能提高营养密度。

思慕雪制作注意事项

❶尽量使用新鲜原始食材，尽量避免使用水果罐头、脱水蔬菜等加工食物。但在清洗环节要格外仔细，避免农药残留。

❷了解自己最需要什么营养。需要增肌者，可以多加高蛋白的豆浆、牛奶等食材；需要调理肠胃者，可以选择膳食纤维较丰富的蔬菜和水果。应先对各种食材的营养特点有基本的了解，将思慕雪作为认真改善饮食结构的重要环节，而不只是一次心血来潮的小尝试。

❸注意营养搭配合理均衡。减肥时切忌营养摄入不足或不均衡，即使特别需要某一类营养素，也不能一味摄取，一是人体未必能完全吸收，二是某些营养素，需要在其他营养素的辅助作用下才能更好地被吸收。

❹ 如果觉得思暮雪较凉，可加入属热的食材，如姜汁、肉桂粉等，不仅能让你的身体热起来，也可给思暮雪带来特别的味道；冰块也可少放或不放。

❺尽量避免使用添加剂。一般思暮雪中的糖分由水果来提供，如果仍不够甜，可添加少量蜂蜜等天然食材，但注意最好不要添加过多的添加剂，如香草精等。

❻可加入藜麦、燕麦等粗粮谷物，减肥期间也需要摄入一定量的碳水化合物。加入粗粮，可以让思暮雪变身成一份“主食”，但仍需配合少量食物，不可让其直接代餐。

❼可将剩余水果切块冷冻起来，在思慕雪中直接替代冰块。做好的思慕雪如果喝不完，冰箱冷藏可存放一天左右。也可提前做一些“思慕雪食材包”冷冻起来，需要时取出一包，搭配适量液体，倒入搅拌机搅打即可。

7款瘦身思慕雪

草莓菠菜豆腐思慕雪

营养信息 *for 1 person* ▸▸▸▸ /149.1千卡 /19.6克 /4.7克 /10.6克 /3.7克

食材 ▸▸▸▸ ✤菠菜/100克✤冻草莓/100克✤软豆腐/50克✤扁桃仁/7克✤无糖豆奶/120毫升✤椰子水/60毫升✤枫糖浆/5毫升

做法 ▸▸▸▸ 将食材按冻草莓、菠菜、椰子水、无糖豆奶、豆腐、枫糖浆、扁桃仁的顺序放入搅拌机，打至冰沙状态即可。

蓝莓菠萝思慕雪

营养信息 *for 1 person* ▸▸▸▸ /172.3千卡 /26.6克 /6.8克 /7.7克 /6.2克

食材 ▸▸▸▸ ✤羽衣甘蓝/100克✤蓝莓/50克✤菠萝/50克✤纯希腊酸奶/60毫升✤牛油果/30克✤冰块/15克

做法 ▸▸▸▸ 将食材按蓝莓、菠萝、牛油果、羽衣甘蓝、希腊酸奶、冰块的顺序放入搅拌机，打至冰沙状态即可。

牛油果杧果酸奶思慕雪

营养信息 *for 1 person* ▸▸▸▸ /152.0千卡 /19.6克 /8.6克 /3.2克 /2.1克

食材 ▸▸▸▸ ✤冻杧果块/50克✤牛油果/50克✤脱脂酸奶/50毫升✤青柠汁/15毫升✤蜂蜜/10克✤冰块/8个

做法 ▸▸▸▸ 将食材按杧果块、牛油果、青柠汁、脱脂酸奶、蜂蜜、冰块的顺序放入搅拌机，打至冰沙状态即可。

青提菠菜牛油果思慕雪

营养信息 *for 1 person* ▸▸▸▸ /222.5千卡 /45.7克 /5.0克 /21.8克 /3.5克

食材 ▸▸▸▸ ✤菠菜/100克✤冻青提/15个✤牛油果/30克✤脱脂希腊酸奶/150毫升✤青柠汁/30毫升

做法 ▸▸▸▸ 将食材按牛油果、菠菜、青柠汁、脱脂希腊酸奶、冻青提的顺序放入搅拌机，打至冰沙状态即可。

香蕉豆腐思慕雪

营养信息 *for 1 person* ▸▸▸▸ /285.8千卡 /30.4克 /10.3克 /14.1克 /3.2克

食材 ▸▸▸▸ ✤豆腐/100克✤香蕉/1根✤香草精/5毫升✤无糖豆奶/150毫升✤扁桃仁/8克

做法 ▸▸▸▸ 将食材按香蕉、冷藏无糖豆奶、豆腐、香草精、扁桃仁的顺序放入搅拌机，打至冰沙状态即可。

莓果燕麦思慕雪

for 2 persons

营养信息 *for 1 person* ▸▸▸▸ /375.9千卡 /55.4克 /16.9克 /9.5克 /9.6克

食材 ▸▸▸▸ ✤即食燕麦/50克✤冻草莓/50克✤冻红莓/50克✤豆浆/150毫升✤蜂蜜/25克✤扁桃仁/10克

做法 ▸▸▸▸ 将食材按冻红莓、冻草莓、豆浆、蜂蜜、扁桃仁、燕麦的顺序放入搅拌机，打至冰沙状态即可。因食谱中含有燕麦，所以可当作加餐食用。

肉桂苹果思慕雪

营养信息 *for 1 person* ▸▸▸▸ /418.3千卡 /53.7克 /18.4克 /9.1克 /11.2克

食材 ▸▸▸▸ ✤冻苹果块/150克✤奇亚籽/20克✤椰子水/80毫升✤原味腰果/7个✤香草精/5毫升✤肉桂粉/5克✤亚麻籽/15克

做法 ▸▸▸▸ 将食材按苹果块、椰子水、香草精、肉桂粉、奇亚籽、亚麻籽、腰果的顺序放入搅拌机，打至冰沙状态即可。因含有亚麻籽、奇亚籽，这杯思慕雪可当作加餐食用。

没有比喝水更简单又更重要的事

一周七天 Spa Water

李晓彤 / text
SuperHero 樱熊 / photo courtesy

营养信息 / 热量 碳水化合物 脂肪 蛋白质

✻ Spa Water，其实就是水果水。以其制作方法简单快手、可促进消化、提高新陈代谢、口感层次丰富、成品色彩斑斓、适宜拍摄等特点，一夜之间走红于 Instagram，随后广泛流传于各个国家。较之于市售的酵素、青汁等产品，Spa Water 经济实惠，排解了人们对那些无从考证真正效果的产品的担忧；较之于果汁、思慕雪，Spa Water 方便快手，无须搅拌机、榨汁机，只需切切水果泡制即可大功告成。它是水果爱好者的福音，使人在饮水时也可品味到水果的甜蜜；而不爱吃水果的人，也可省去吃的步骤，直接以饮水的方式来摄取水果中的营养素。✻在这个人人都在谈论健康瘦身、理想身材的时代，别忘了最简单又最重要的事——喝水。

柠檬黄瓜水 ▸▸▸▸ *Lemon & Cucumber Spa Water*

营养信息 *for 1 person 500ml* ▸▸▸▸ /19.1千卡 /4.3克 /0.6克 /0.9克

食材 ▸▸▸▸ ✤柠檬+黄瓜

做法 ▸▸▸▸ 将柠檬、黄瓜洗净切薄片，浸泡在纯净水/苏打水中，密封冷藏4小时即可饮用。

口感 ▸▸▸▸ 此水中和了柠檬的酸与黄瓜的甘甜，口味自然清新。

饮用效果 ▸▸▸▸ 柠檬中含有丰富的维生素C、维生素B_1、维生素B_2等；黄瓜中含有核黄素、维生素A、维生素E等。饮用柠檬黄瓜水，有清热解毒、美白防癌的功效。

蓝莓柠檬水 ▸▹▸▹ *Blueberry & Lemon Spa Water*

营养信息 *for 1 person 500ml* ▸▹▸▹ /43.5千卡 /11.5克 /0.7克 /0.8克

食材 ▸▹▸▹ ✤蓝莓+柠檬

做法 ▸▹▸▹ 将柠檬洗净切片；清洗蓝莓，以不破坏果皮表面的白粉为宜。将柠檬片和蓝莓浸泡在纯净水/苏打水中，密封冷藏4小时即可饮用。

口感 ▸▹▸▹ 柠檬味酸，而蓝莓酸中带甜。这是一款偏酸，却不失甜味的水。

饮用效果 ▸▹▸▹ 蓝莓内含丰富的花青素；柠檬味酸，富含丰富的维生素C、维生素B_1、维生素B_2等。饮用蓝莓柠檬水，对延缓脑神经衰老、增强视力等有一定促进作用。

树莓草莓薄荷水 ▸▸▸▸
Raspberry & Strawberry & Mint Spa Water

营养信息 *for 1 person 500ml* ▸▸▸▸

/55.2千卡 /13.8克 /0.4克 /1.6克

食材 ▸▸▸▸ ✤树莓+草莓+薄荷

做法 ▸▸▸▸ 树莓稍加冲洗，切勿浸泡；草莓在盐水中浸泡10分钟后冲洗切块；薄荷洗净去根。将树莓、草莓块、薄荷浸泡在纯净水/苏打水中，密封冷藏4小时即可饮用。

口感 ▸▸▸▸ 树莓、草莓酸甜可口，薄荷独特清新。此水酸甜清新，拥有多重味觉体验。

饮用效果 ▸▸▸▸ 树莓含有大量的维生素C、维生素E、超氧化物歧化酶等；草莓中富含氨基酸、胡萝卜素、矿物质钙等；薄荷中含有丰富的蛋白质、纤维等。树莓、草莓、薄荷泡水同饮，可调理胃肠道，助于醒酒，补充皮肤水分，有效抗氧化。

青柠薄荷黄瓜奇异果水 ▸▸▸▸ *Lime & Mint & Cucumber & Kiwi Spa Water*

营养信息 *for 1 person 500ml* ▸▸▸▸ /60.4千卡 /16.0克 /0.6克 /2.2克

食材 ▸▸▸▸ ✤黄瓜+奇异果+青柠+薄荷

做法 ▸▸▸▸ 青柠洗净对切，黄瓜洗净切薄片，薄荷洗净去根，奇异果去皮切片。将青柠块、黄瓜片、薄荷、奇异果片浸泡在纯净水/苏打水中，密封冷藏4小时即可饮用。

口感 ▸▸▸▸ 青柠较柠檬口感更酸；薄荷口味独特清新；黄瓜味甘；奇异果口感柔软，味道甜而不腻。四者结合，酸甜清新，一杯满足。

饮用效果 ▸▸▸▸ 青柠中含有丰富的维生素C；薄荷中含有丰富的蛋白质、纤维等；黄瓜中含有核黄素、维生素A、维生素E等；奇异果中则富含锌、钾、钙等微量元素和人体所需的17种氨基酸等。饮用青柠薄荷黄瓜奇异果水，可生津健脾、散热解暑、促进消化。

苹果桃子水 ▸▸▸▸ *Apple & Peach Spa Water*

营养信息 *for 1 person 500ml* ▸▸▸▸ / 63.6千卡 / 14.6克 / 0.2克 / 0.7克

食材 ▸▸▸▸ ✣苹果+桃子

做法 ▸▸▸▸ 苹果洗净切块；桃子可用食盐轻轻揉搓，用流水冲洗，切成均匀的薄片。将苹果块、桃子片浸泡在纯净水/苏打水中，密封冷藏4小时即可饮用。

口感 ▸▸▸▸ 苹果、桃子均口味甘甜，却各有特色。

饮用效果 ▸▸▸▸ 苹果中含有丰富的铜、镁、铁等微量元素；桃子中富含蛋白质、碳水化合物、胡萝卜素等。饮用苹果桃子水可增强胃动力，且使皮肤细腻、红润。

西瓜薄荷水 ▸▹▸▹ *Watermelon & Mint Spa Water*

营养信息 *for 1 person 500ml* ▸▹▸▹ /29.8千卡 /7.1克 /0.1克 /1.5克

食材 ▸▹▸▹ ✤西瓜+薄荷

做法 ▸▹▸▹ 西瓜切块，薄荷洗净去根。将西瓜块、薄荷浸泡在纯净水/苏打水中，密封冷藏4小时即可饮用。

口感 ▸▹▸▹ 西瓜甘甜多汁，薄荷独特清新。

饮用效果 ▸▹▸▹ 西瓜中不含脂肪和胆固醇，含有丰富的蛋白氨基酸、葡萄糖等；薄荷中含有丰富的蛋白质、纤维等。饮用西瓜薄荷水，可生津止渴、清凉散热。

青苹果橙子水 ▸▸▸▸ *Green Apple & Orange Spa Water*

营养信息 *for 1 person 500ml* ▸▸▸▸

/ 57.6 千卡 / 14.6 克 / 0.2 克

/ 0.7 克

食材 ▸▸▸▸ ✣青苹果 + 橙子

做法 ▸▸▸▸ 青苹果洗净去核、首尾根蒂，切薄片；橙子洗净去子，切薄片。将青苹果片、橙子片浸泡在纯净水 / 苏打水中，密封冷藏 4 小时即可饮用。

口感 ▸▸▸▸ 青苹果与橙子均甜酸兼备，却各有特色。

饮用效果 ▸▸▸▸ 青苹果中含有丰富的果酸，可促进体内脂肪分解；橙子富含天然的糖分、维生素 C、胡萝卜素等，且多纤维。饮用青苹果橙子水，可减轻嗜甜的渴望，消肿减脂。

T i p s

✣赏味期限 *Shelf Life*

○切记尽快饮用，最长不超过 24 小时。

✣关于保存 *Preservation*

① 储水容器在高温杀毒后方可使用。② 切勿将 Spa Water 置于高温处。③ 避免阳光直射。

✣常见误区 *Common Mistakes*

① Spa Water 由多种蔬菜、水果泡制而成。尽管蔬菜、水果内含丰富的营养素，但并非所有的蔬菜、水果均可以同食同饮。制作 Spa Water，切勿为追求视觉美感而随意搭配。

② 饮水有度，过犹不及。切勿为追求短期减重，以 Spa Water 代餐。

专访 ………  × Julia Sherman

嘿，别小瞧了沙拉！

专访艺术家 Julia Sherman

金梦 / interview & text
Julia Sherman / photo courtesy
营养信息 / 热量 碳水化合物 脂肪 蛋白质

✶说到“沙拉”，健康、低脂、不油腻应该是大多数人对它的印象，但也正因这样的“定位”，使沙拉被认为是很难做得出彩的一种菜品。它做法简单，几乎不需什么烹饪技巧，与其说它是“菜肴”，更多的人是将沙拉视为偶尔“清理”一下肠胃的工具，或者是主菜到来之前垫垫肚子的前菜。但对美国艺术家Julia Sherman来说，沙拉与艺术创作，就是她人生中的两样挚爱。为了将这两样挚爱相结合，Julia 在 2011 年创建了名为“Salad for President”的网站。

○与主打多样性的美食博客不同的是，她的网站上只有一种菜品，那就是“沙拉”，并且这些沙拉大多出自他人之手。她邀请了不同领域的艺术人士，比如画家、设计师、导演或是音乐家，将他们对于他们所处领域的想法，投射到一盘沙拉之中。“我希望人们可以更多地注意身边一些易被忽视的食物，因为它们本应受到平等的待遇。”

PROFILE

Julia Sherman
（朱莉娅·舍曼）
艺术家，摄影师，2011年建立名为“Salad for President”的网站。

食帖 ▻ 为什么给网站命名为“Salad for President”？

Julia Sherman（以下简称“Julia”） ▻ 我一直是对自己要求比较严格的那种人。我热爱艺术，热爱工作，然后也爱上了烹饪，随着对烹饪越来越痴迷，我突然意识到自己花了太多时间在厨房中，而不是工作室；厨艺越精进，自己在艺术方面获得的成就感就越少。为了缓解这种自我焦躁，我的丈夫就鼓励我将艺术与食物相结合。

而沙拉的做法，大概是我最喜欢的一种烹饪方式，因为它会尽可能多地保存食物本身的原味。很多人都将沙拉视作很普通的前菜而已，但我认为它跟主菜、甜品等在餐饮中的地位应是平等的，所以我将自己的网站起名为“Salad for President”。另一方面也是想表达任何事物的存在都有原因，它们都应得到同等的对待与尊重。

食帖 ▻ 你采访了很多人，并请他们制作沙拉。通常会喜欢采访怎样的人？

Julia ▻ 大多是凭直觉，可以这么说，他们也许是我的朋友，也许是不经意与我偶遇之人，抑或是我感兴趣、想深入了解的人。通常我不会束缚沙拉制作人的想法，反而希望他们完全发挥自己的想法与创造力，我所邀请的沙拉制作人都是非常独立且有想法的人。

食帖 ▻ 你自己有个花园，都种植了哪些植物？

Julia ▻ 我没有仔细计算过，但少说也有上百种。我最喜欢的

● 年过八旬的 Alison Knowles 依然会在自己的花园中劳作，亲自采摘各类新鲜有机的香草和蔬菜。

一道沙拉是根据一道叫作“jardinière”（法语意为花瓶）的浓汤改良而成的。原版使用很多应季食材熬制，但我的改良版本则是使用许多自己种的新鲜香草和可食用花朵，配以少许橄榄油、食盐和意式香醋。

食帖 ▻ 2014 年 7 月，你在美国长岛发起了一个“屋顶花园”项目，邀请了很多艺术家用您种植的作物来制作沙拉。

Julia ▻ 2014 年 5 月时，我参加了一个长岛的“屋顶花园”艺术展览，虽然是第一次参加这样的活动，但我立马就爱上了“屋顶花园”这个理念。所以就决定建立一个属于自己的屋顶花园。于是我与 Camilla Hammer（卡米拉·哈默），一个很有经验的农民，一起合作种植各式各样的香草和蔬菜，目前数量已多达 50 多种，且都可直接食用，我们还一起培育了许多杂交蔬菜。

我们这个项目也会向很多游客开放，他们可以自己采摘蔬菜，自己种植，体验回归自然的感觉。现在我连开会也不在工作室开，而是让同事们来我的“小天地”，也就是这个屋顶花园来找我。为什么要将时光浪费在冷冰冰的办公室，而不是有着蔬菜与香草芬芳的“花园”中呢？这样说不定更有效率。

食帖 ▻ 沙拉对你来说意味着什么？

Julia ▻ 沙拉做法和吃法都非常多样，可以冷食也可加热，可做前菜，也可做配菜搭配面包，抑或当成餐后小食。而一道真正好的沙拉，可将食材本身的风味提升。沙拉于我而言的意义，其实也不是一句话能说得清楚的，它更像是令我的生活状态更加“平衡”的一种途径，让我在不经意间学会了如何更好地规划、整理生活。

食帖 ▻ 你认为艺术与食物之间的关系是怎样的？

Julia ▻ 艺术家通常都是厨子，我经常这么说。各种菜品中，我觉得沙拉是跟艺术最具有相关性的，因为沙拉很要求颜色的搭配、食材之间的平衡，以及味道的和谐。

食帖 ▻ 你是否注意锻炼和保持身材？

Julia ▻ 我经常锻炼，因为本身就是个非常好动的人，如果一天不做运动，就浑身不舒服。再者，我从来不推崇节食减肥，而是倾向于适宜、健康的饮食配以适当的运动。你尽可以享受该享受的美食，为何要通过拒绝享受美好来减肥呢？

食帖 ▻ 这么多位沙拉制作者中，谁给你留下的印象最深？

Julia ▻ 是激浪派艺术家 Alison Knowles（艾利森·诺尔斯）。她是最早也是最权威的“沙拉艺术家”之一，能够以非常简单的方式将“制作沙拉”或“煲汤”等理念印在纸上。她在 1962 年的 MoMA PS1 沙拉花园中进行的“种子”表演，给我留下了非常深刻的印象。她使用了许多非常不平凡的香草和蔬菜来制作沙拉，比如“泰国粉红鸡蛋西红柿”（Thai Pink Egg Tomato）、“青铜茴香”（Bronze Fennel）等，并且她会大声叫出她“所谓”的食材名字，且以一种非常戏剧化的形式处理这些食材；之后她将所有的蔬菜倒在一个巨大的防水油布上，加上调味料，并用犁地的耙子搅拌，分给饥肠辘辘的群众。为了避免浪费，几乎当时在场的所有人都得到了两份。不管是她的为人，还是她的艺术理念，她都是我的榜样。fin.

✤ 4 个 人 的 灵 感 沙 拉 ✤

● David Kennedy Culter（戴维·肯尼迪·库尔特），一名狂热爱好绿色蔬菜的艺术家，也是一名素食主义者。他说："蔬菜经常给予我艺术创作的灵感。"在他的作品中经常可以看见各种蔬菜的身影。

羽衣甘蓝沙拉 ▸▸▸▸ *Kale Salad*

by David Kennedy Culter　*for 5 persons*

营养信息 *for 1 person* ▸▸▸▸ /596.0千卡 /90.3克 /4.4克 /30.5克

食材 ▸▸▸▸ ✤羽衣甘蓝/两把✤蒜末/适量✤藜麦/250克（预煮好）✤欧芹/125克✤芸豆/500克（预煮好）✤柠檬汁/适量✤松仁/75克✤橄榄油/20毫升✤佩科里诺奶酪/适量✤海盐、黑胡椒粉、红辣椒面/少许

做法 ▸▸▸▸ ❶羽衣甘蓝去茎，切细长条，欧芹切碎。❷小火入橄榄油热锅，加入蒜末、松仁、红辣椒面翻炒。❸炒至松仁微焦，倒入事先煮好的藜麦，翻炒后出锅待用。❹再向锅中加入10毫升左右的橄榄油，调至中火，加入羽衣甘蓝，快速翻炒至变软后出锅。❺将预先煮好的芸豆与羽衣甘蓝一起倒入装有藜麦的碗中。❻挤少许柠檬汁，撒入欧芹，加入适量的盐与黑胡椒粉调味，再刨上适量的佩科里诺奶酪即可。

● Claire Nereim（克莱尔·内雷姆）是一个非常多面的艺术家，她热爱烹饪，也喜欢雕刻，还曾经是乐队成员。几年前她建立了一个叫作“植物星球”的平面印花项目，将每个月的新鲜果蔬图案印刷在日历上。

菊苣血橙沙拉 ▸▸▸▸ *Treviso and Blood Orange Salad*

by Claire Nereim　　for 3 persons

营养信息 *for 1 person* ▸▸▸▸ /94.0千卡 /17.0克 /7.1克 /2.4克

食材 ▸▸▸▸ **沙拉用**✤血橙/4个✤新鲜茴香/1把✤菊苣/2把✤石榴籽/6克

酱汁用✤红酒醋汁/5毫升✤石榴糖浆/10毫升✤橄榄油/20毫升✤海盐、黑胡椒粉/适量

做法 ▸▸▸▸ ❶菊苣洗净，切成两段，放入沙拉碗中待用。❷血橙切头去尾，沿橙瓣将橙皮以顺时针方向切下。❸将酱汁所用食材全部搅拌均匀。❹在沙拉碗中放入切好的血橙，撒上少许茴香，均匀浇上酱汁。❺以石榴籽作为点缀即可。

● Lorena Harp（洛雷娜·哈普）是一名来自墨西哥瓦哈卡的"沙拉福音"传递使者。她自己抚育着三个小孩，从小便教育他们"自给自足"。她也经常鼓励社区的人们食用自己种植的作物，并提倡采用最原始的烹饪方式，减少使用电和燃气。

能量土豆沙拉 ▸▸▸▸ *Solar Oven Potato Salad*

by Lorena Harp *for 6 persons*

营养信息 *for 1 person* ▸▸▸▸ /445.8千卡 /14.6克 /41.7克 /3.3克

食材 ▸▸▸▸ **沙拉用**✤土豆/5个✤橄榄油/5毫升✤洋葱/一半✤甜菜/250克✤柠檬汁/适量✤食盐、黑胡椒粉/适量

酱汁用✤卡拉马塔橄榄/125克✤杏仁粉/80克✤大蒜/2瓣✤橄榄油/250毫升✤酸角/5克✤新鲜帕尔玛奶酪/5克✤干牛至叶/2克

做法 ▸▸▸▸ ❶将土豆放入煮沸盐水中，煮20分钟。❷控干水分，加入5毫升橄榄油、少许食盐和黑胡椒粉调味待用。❸将杏仁粉、大蒜和橄榄油放入搅拌机中，搅拌至奶昔状，最后放入酸角。❹甜菜切丝，加入柠檬汁和橄榄油搅拌均匀，接着加入盐和黑胡椒粉调味。❺准备一个大碗，放入土豆、洋葱丝，撒入❸和❹的食材。❻顶部撒上少许牛至叶、卡拉马塔橄榄和新鲜帕尔玛奶酪即可。

● Mina Stone（明娜·斯通）是一名时装设计师，同时也是一位"艺术大厨"。她在今年推出了自己的烹饪书《为艺术家做饭》。谈到她为艺术家做饭的感受，她说："你可以感受到艺术之间其实是相同的，当你为不同领域的艺术家做饭时，你能感觉到自己是被支持的，并且你可以完全展现自己的风格。"

开心果意面沙拉 ▸▸▸▸ *Pesto Pasta Salad*

by Mina Stone　　for 4 persons

营养信息 *for 1 person* ▸▸▸▸ /662.5千卡 /16.7克 /30.8克 /19.5克

食材 ▸▸▸▸ **酱汁用**✤盐、黑胡椒粉/适量✤橄榄油/75毫升✤欧芹叶/250克✤柠檬皮碎/适量✤柠檬汁/适量✤生开心果/75克

意面用✤通心粉/500克✤食盐/少许

做法 ▸▸▸▸ ❶大锅加盐煮水，水开后加入意面煮制全熟，留少许煮面水。❷将酱汁除盐和黑胡椒粉之外的所有食材均匀放入搅拌机中，搅打顺滑。❸向酱汁中加入适量的盐和黑胡椒粉调味。❹向意面中缓缓浇入酱汁，可酌情加入面汤。

没有好酱汁，怎么吃沙拉？

6 种低卡沙拉酱在家做

吴充 / text & photo　营养信息 / 热量 碳水化合物 脂肪 蛋白质

✴得技为下，得法为中，得意为上。对于料理，我不喜欢照搬食谱，这样做很无趣。我会研究加入每种食材的目的和效果，根据自己的口味进行调整改良。

❍酱汁是沙拉的精髓，作为调味，它可以让我们更开心地吃下沙拉。说实在的，如果没有酱汁，我很难咽下那些健康的蔬菜。然而市面上能买到的大部分酱汁都不太健康，为了保证口味，往往含大量脂肪和糖，还有很多用于延长保质期、增加色泽的添加剂。有些热量高得离谱，而大部分人并不知情，或是为了口味并不在意。

❍健康的食物在口味方面多少都会打些折扣，而让人无法拒绝的美食往往热量偏高。我们就是这样一直在健康与美味之间权衡，挣扎。其实，也有办法不必承受这种苦恼。市售酱汁不健康？自制即可。

❍酱汁的做法很简单，只要把喜欢的食材调和在一起就好了。至于选择哪些食材，其实每种食材都可归类为一种或多种味道，按酸、甜、辛、香分类如下：

❍酸：苹果醋、红葡萄酒醋、黑葡萄酒醋、白葡萄酒醋、柠檬汁、鲜橙汁……

❍甜：蜂蜜、木糖醇、枫糖浆、奶……

❍辛：蒜、葱、辣椒、洋葱、芥末……

❍香：欧芹、法香、罗勒、薄荷、莳萝、奶酪……

❍根据自己的喜好，选择相应的食材混合即可。当然，除了以上这些，还有很多食材可以使用，可以随意发挥，千万不要受食谱限制。

✣ 六款日常酱汁简单自制法 ✣

柠檬甜醋汁

这是一款酸甜口味的沙拉汁，我的早餐中经常出现，配蔬菜很美味，且简单方便。

营养信息(每 10 毫升)▸▸▸▸ 热量 / 5.7 千卡 碳水化合物 / 1.4 克 脂肪 / 0 克 蛋白质 / 0 克

食材 ▸▸▸▸ ✣苹果醋 /20 毫升✣蜂蜜 /5 毫升✣柠檬汁 /5 毫升

黑醋汁

普通的油醋汁会放橄榄油，但我觉得不够清爽，也不够健康，所以一般会把油换成水。如果觉得蔬菜不够细腻，可以将食材一起放入料理机中搅拌。

营养信息(每 10 毫升)▸▸▸▸ 热量 / 3.8 千卡 碳水化合物 / 0.8 克 脂肪 / 0 克 蛋白质 / 0.1 克

食材 ▸▸▸▸ ✣黑葡萄酒醋 /5 毫升✣水 /15 毫升✣洋葱 /2 克✣黑胡椒粉 /1 克✣欧芹 /2 克

越南鱼露汁

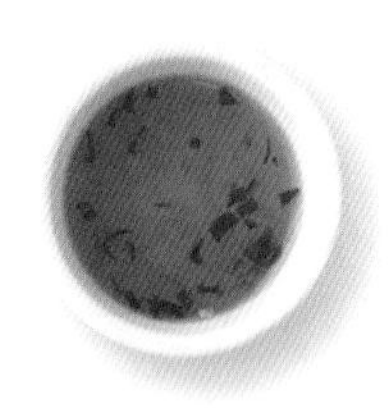

一款越南风味的沙拉汁，辣椒可省，糖也可换成蜂蜜，配蔬菜沙拉和越南春卷很不错。

营养信息(每 10 毫升)▸▸▸▸ / 6.9 千卡 / 1.6 克 / 0 克 / 0.1 克

食材 ▸▸▸▸ ✤鱼露 /5 毫升✤水 /25 毫升✤蒜蓉 /2 克✤辣椒 /2 克✤柠檬汁 /5 毫升✤糖 /4 克

酸乳酪沙拉酱

自制沙拉酱，我一般用希腊酸奶做底料，因为它口感绵密，有奶油的感觉，而且比较健康。

营养信息(每 10 毫升)▸▸▸▸ / 10.7 千卡 / 0.9 克 / 0.6 克 / 0.6 克

食材 ▸▸▸▸ ✤希腊酸奶 /20 克✤白葡萄酒醋 /3 毫升✤蒜蓉 /2 克✤卡蒙贝尔奶酪 /5 克✤莳萝 /2 克

罗勒芥末酱

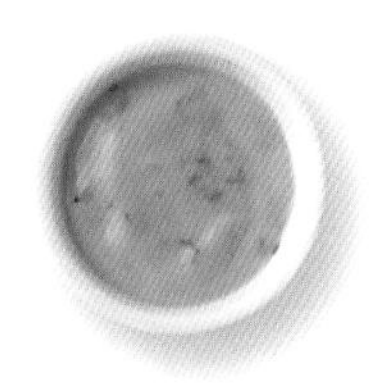

这里的芥末是法式第戎芥末酱，单吃味道偏酸微苦，但加入其他食材调和后就很美味。

营养信息(每 10 毫升)▸▸▸▸ / 9.7 千卡 / 1.7 克 / 0.2 克 / 0.2 克

食材 ▸▸▸ ✤希腊酸奶 /20 克✤芥末酱 /4 克✤蜂蜜 /5 毫升✤柠檬汁 /5 毫升✤罗勒叶 /2 克

蒜香牛油果酱

个人非常喜欢的一款酱，抹面包或拌沙拉都很诱人，记得牛油果要选熟一些的，比较容易磨成酱。

营养信息(每 10 毫升)▸▸▸▸ / 9.9 千卡 / 0.8 克 / 0.7 克 / 0.3 克

食材 ▸▸▸ ✤牛油果 /20 克✤牛奶 /10 毫升✤柠檬汁 /5 毫升✤罗勒叶 /2 克✤法香 /1 ✤蒜蓉 /2 克✤黑胡椒粉 /1 克✤盐 / 少许

❍食材的选择，比例的把握，其实完全是看个人口味，以自己觉得美味为准。当然，你可能试过了以上酱汁，还是觉得不如买的好吃，但又想吃得健康，怎么办？

❍别急，我们还有 Plan B ！

❍在自制酱汁中少量加入相对健康的沙拉酱产品，比如 4 份希腊酸奶加 1 份市售沙拉酱（其他香料可省）。这样既保留了喜欢的口味，又不会摄入很多热量，也算是美味和健康的一种平衡。

健康厨房必备：25 种理想食材清单

邵梦莹，金梦 / edit & photo
Dora / edit

营养信息 / 热量 碳水化合物 脂肪 蛋白质

✶常有人咨询一些营养师，或者是所谓的减肥专家："有没有吃不胖的食物？"不禁让人联想起一些近几年在全球十分流行的食物概念，比如"零卡食物"、"超级食物"。"零卡食物"指的是卡路里含量极低，且能促进热量消耗的食物。"超级食物"则普遍被理解为营养成分相对丰富，或在某一种营养元素上表现格外突出的食物。但其实，低卡路里摄入并不能和减脂画上等号，而"超级食物"更是一个模糊且有些夸张的概念，易让人误以为这些食材远胜于其他食材，在摄取时易走极端。

○其实，于减肥降脂而言，最重要的是确保营养均衡。健康且持久的减脂需建立在良好的身体状态之上，需要身体内各器官和神经系统的积极配合，如果在饮食上发生偏颇，比如单一摄入某类食材，则很可能导致营养失衡，身体各功能紊乱，即使短暂减重，也很难保持稳定。但我们知道，如果不开具一份清单，你还是会在茫茫食材面前，为今天吃什么而犯难。所以，这一次我们筛选出 25 种在营养方面各具优势，且都对减肥有益的日常食材，并给出各自的营养信息与食用建议，希望你能在日常饮食中综合加入这些食材，但千万不要单一摄入。

1

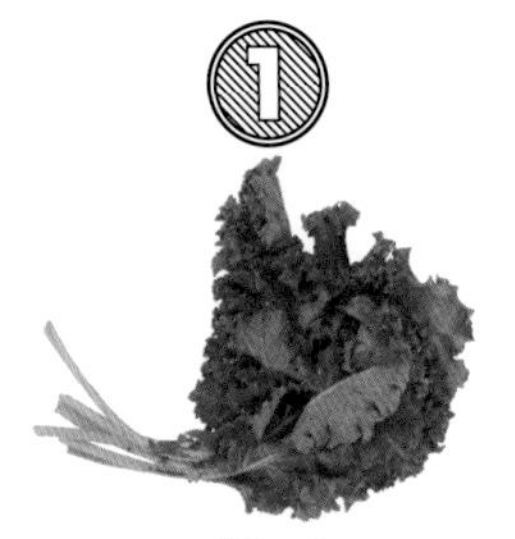

Kale

✤✤✤ 羽衣甘蓝 ✤✤✤

营养信息 *per 100g* ▸▸▸▸ / 49.0 千卡 /8.8 克 / 0.9 克 / 4.3 克

来源▸▸▸▸原产于地中海沿岸至小亚细亚一带，现广泛栽培，主要分布于温带地区。

富含▸▸▸▸维生素 A、维生素 C、维生素 B_2，以及钙、铁、钾、膳食纤维等。

潜在好处▸▸▸▸抗氧化、抗癌症、增强免疫系统功能。

实用小贴士▸▸▸▸挑选叶片新鲜光亮、叶杆青翠且粗壮的羽衣甘蓝，避免发黄变色、有凹陷的叶子。清洗时先整棵冲洗，后用盐水浸泡半小时即可。保质期 4 天左右。

✤羽衣甘蓝是一种高营养植物，可作为蔬菜食用，也可用于花坛装饰。羽衣甘蓝卡路里含量非常低且不含胆固醇，同时含有较高可溶与不可溶性膳食纤维，有助于控制胆固醇水平，增加饱腹感，以及降低脂肪吸收率。其维生素 A、维生素 C、维生素 B_2 等含量也是远超其他蔬菜的水平，维生素 K 的含量尤其高，每食用 100 克羽衣甘蓝，维生素 K 的摄入量就能达到人体日均摄入水平的 4 倍之多，对骨骼有很好的保护作用。

2

Seaweed

✤✤✤ 海带 ✤✤✤

营养信息 *per 100g* ▸▸▸▸ / 43.0 千卡 / 9.6 克 / 0.6 克 / 1.7 克

来源▸▸▸▸原产于东北亚地区，包括俄罗斯太平洋沿岸、日本和朝鲜北部沿海，后在中国辽东半岛和山东沿岸海洋里生长，如今中国是世界上最大的海带生产国。

富含▸▸▸▸钾、碘等各种矿物质，不饱和脂肪酸。

潜在好处▸▸▸▸降血压、利尿消肿、防癌抗癌、防治心脑血管疾病。

实用小贴士▸▸▸▸挑选表面有白色粉末（甘露醇）且叶片较厚的，避免有虫蛀孔洞及变色的。可使用淘米水泡发，煮制加碱、干蒸等多种方法可以使海带更鲜美柔软，注意泡制时间不宜超过半小时。此外，甲亢病人和孕妇慎吃。

✤海带是一种生长在低温海水中的海藻类植物，中医上称为"昆布"，又称江白菜。海带之所以有降血压和利尿消肿的作用，是因为其表面附着的名为甘露醇的白色粉末，甘露醇是一种贵重的药用物质。此外，海带中含有大量不饱和脂肪酸，可有效降低血液黏度，减少血管硬化，预防心血管疾病。海带热量很低，膳食纤维丰富，不仅能促进身体健康，还能增加饱腹感。

3

Chia Seed

✤✤✤ 奇亚籽 ✤✤✤

营养信息 *per 100g* ▸▸▸▸ /486.0 千卡 /42.1 克 /30.7 克 /16.5 克

来源▸▸▸▸原产地为墨西哥南部和危地马拉等北美洲地区，可生长在荒漠带海拔 4000 英尺（约合 1219 米）以下的地区。

富含▸▸▸▸OMEGA-3 脂肪酸、抗氧化剂、优质膳食纤维、优质蛋白质。

潜在好处▸▸▸▸降低胆固醇、抗氧化、营养丰富、增加饱腹感、降脂降糖。

实用小贴士▸▸▸▸奇亚籽口感爽脆，没有特殊的气味和味道，可直接食用，也可用作配料加到沙拉、粥、酸奶、饮品、面包果酱中食用。

✤奇亚籽是芡欧鼠尾草的种子，富含OMEGA-3脂肪酸及优质蛋白、膳食纤维和各种微量元素，是一款很好的抗氧化食材。奇亚籽含有20种氨基酸，能构成完整优质蛋白，其优质蛋白含量比大豆还高，并且是唯一被公认的含有OMEGA-3脂肪酸的无毒害植物。在减肥时经常食用少量的奇亚籽，既可以满足人体基本营养需求，又可以增加饮食中的膳食纤维、优质蛋白、OMEGA-3脂肪酸等，此外，奇亚籽还富含维生素E、维生素C和卵磷脂，还有咖啡酸、绿原酸、栎皮黄素、山柰黄酮醇等抗老化及抗癌物质。

4

Avocado

✤✤✤ 牛油果 ✤✤✤

营养信息 *per 100g* ▸▸▸▸ / 167.0 千卡 / 8.6 克 / 15.4 克 / 2.0 克

来源▸▸▸▸原产于中美洲和墨西哥；中国台湾及中国南方地区，譬如广东、福建、云南等地也已引进栽培。

富含▸▸▸▸不饱和脂肪酸、优质膳食纤维、钾、叶酸、维生素B_6及各种维生素和矿物质。

潜在好处▸▸▸▸降低胆固醇、血脂，保护心血管和肝脏系统，健胃清肠。

实用小贴士▸▸▸▸用手按或者捏果实，感到软硬适中，即最佳食用状态；切开后，果肉应呈嫩黄绿色且没有黑斑；牛油果口感有如乳酪，可直接食用也可用于制作沙拉、思慕雪、酱汁等，与鸡蛋的各式搭配也是很好的选择。

✤牛油果是一种高能低糖的水果，油脂含量极高，口感接近黄油，所以也被称作“森林奶油”。牛油果含有丰富的不饱和脂肪酸，其中油酸和棕榈油酸有一定的降低胆固醇功效；还含有一种亚油酸，可防止动脉粥样硬化，预防心血管疾病。此外，牛油果还含有一种很好的抗氧化剂叶黄素，以及优质的可溶性膳食纤维和不可溶性膳食纤维，有助于清除人体内多余的胆固醇，保持消化系统功能正常，提高人体代谢能力。

5

Strawberry

✤✤✤ 草莓 ✤✤✤

营养信息 *per 100g* ▸▸▸▸ / 32.0 千卡 / 7.7 克 / 0.3 克 / 2.0 克

来源▸▸▸▸原产于美洲，后在欧洲等地广为栽培。

富含▸▸▸▸维生素C、果胶、膳食纤维。

潜在好处▸▸▸▸预防坏血病、调理胃肠道功能、促进抗体形成、分解食物中脂肪、促进消化。

实用小贴士▸▸▸▸正常的草莓呈心形，大小适当，没有奇怪的变形，蒂头叶片鲜绿，表面有细小绒毛，且伴有浓郁的草莓果香，切开后果肉呈饱满的红色，白色果肉过多或是有空腔的最好避免购买。

草莓的维生素C含量非常可观，在同等重量下是苹果中维生素C含量的10倍以上。草莓富含的纤维素和果胶，可促进胃肠蠕动，治疗便秘，在一定程度上有减肥功效。而且草莓对胃肠道具有滋补调理的作用，叶酸和胺类物质也是草莓中的重要元素，其对白血病、再生性贫血等血液病有辅助治疗的功效。此外，草莓还含有丰富的鞣酸，可吸附人体内的致癌化学物质。

6

Spinach

✤✤✤ 菠菜 ✤✤✤

营养信息 *per 100g* ▸▸▸▸ /23.0 千卡 / 3.6 克 /0.9 克 /4.3 克

来源▸▸▸▸原产于伊朗，并经北非，由摩尔人传到西欧西班牙等国。

富含▸▸▸▸各式维生素、植物粗纤维、胡萝卜素、钙质、抗氧化剂。

潜在好处▸▸▸▸消食养胃、保护视力、抗氧化、排毒、生血。

实用小贴士▸▸▸▸菠菜中含有草酸，会影响人体对钙质的吸收，所以在食用前可选择过一遍开水除去草酸；此外，菠菜性凉，肾炎、肾结石、胃肠虚汗、腹泻患者忌食。

✤菠菜又名波斯菜、赤根菜、鹦鹉菜等，其蛋白质、维生素和微量元素含量普遍高于一般蔬菜，是一种营养价值非常高的蔬菜。其丰富的胡萝卜素和类胡萝卜素物质，有助于保护视力，以及防止阳光所引起的视网膜损害，同时也可降低视网膜退化的风险。菠菜含有大量的膳食纤维，可促进肠胃蠕动消化，有降脂降压的功效。

7

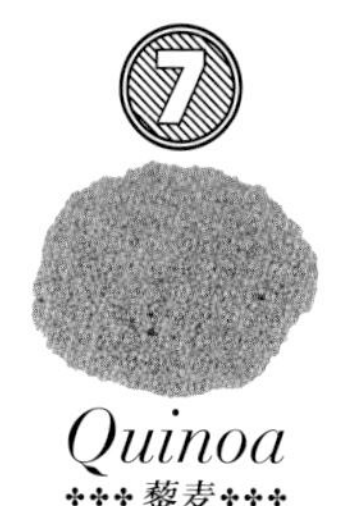

Quinoa

✤✤✤ 藜麦 ✤✤✤

营养信息 *per 100g* ▸▸▸▸ / 368.0 千卡 / 64.2 克 / 6.1 克 /14.1 克

来源▸▸▸▸原产于南美洲安第斯山区，是印加土著居民的主要传统食物。

富含▸▸▸▸完全蛋白质、多种氨基酸、锰及各种矿物质、不饱和脂肪酸、膳食纤维。

潜在好处▸▸▸▸均衡补充营养，辅助治疗高血脂、高血压以及心脏疾病，抗氧化。

实用小贴士▸▸▸▸藜麦可作为主食，也可作为沙拉、思慕雪等的配料，因藜麦营养丰富且蛋白质含量较高，当作主食时可适量减少其他食物的摄入量。

✣藜麦是植物界中少有的拥有优质完全蛋白的食物，该种蛋白质中含有人体必需的 9 种氨基酸，且比例适当，非常有益于人体的健康成长发育，也有助于增肌降脂。藜麦还富含优质的高纤维碳水化合物，消化速度缓慢，升糖指数较低。此外，藜麦不含胆固醇，OMEGA-3 脂肪酸含量很高，可有效抑制及治疗高血脂、高血压、糖尿病等。据说因藜麦营养非常丰富，在 20 世纪 80 年代还曾作为美国宇航员的太空食品。

8

Blueberry

✣✣✣ 蓝莓 ✣✣✣

营养信息 *per 100g* ▸▸▸▸ / 57.0 千卡 / 14.5 克 / 0.3 克 / 0.7 克

来源▸▸▸▸原产于北美，中国引入较晚，主要分布于辽宁、黑龙江、吉林、江苏等。

富含▸▸▸▸花青素、果胶、维生素 C、多酚类物质。

潜在好处▸▸▸▸ 抗氧化，保护视力，降低结肠癌风险，防治结肠癌。

实用小贴士▸▸▸▸可用水或盐水泡 10 分钟，轻微搅拌，换水冲洗掉灰尘即可；尽量保留表面的白色果粉。

✣蓝莓中的花青素含量是所有水果和蔬菜中最高的，是人类发现的最有效的抗氧化生物活性剂，其主要集中在蓝莓果皮中，对防治血管硬化和心脏疾病、减缓衰老等都有较佳疗效。蓝莓果胶含量较高，可溶性膳食纤维丰富，有助于调节血糖水平和肠道菌群平衡，在增加饱腹感的同时还可加快代谢。此外，蓝莓还可以活化视网膜细胞、降低眼压、缓解眼部疲劳等。

9

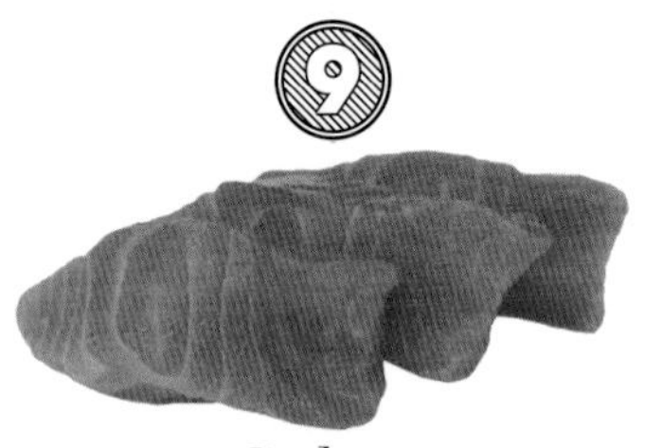

Salmon

✣✣✣三文鱼✣✣✣

营养信息 *per 100g* ▸▸▸▸ / 142.0 千卡 / 0 克 / 6.3 克 / 19.8 克

来源▸▸▸▸大西洋及太平洋，在美洲大湖及其他湖亦可找到。

富含▸▸▸▸ OMEGA-3 不饱和脂肪酸、抗氧化剂、优质蛋白质、各种维生素和矿物质。

潜在好处▸▸▸▸预防心血管疾病、慢性病，健胃，降血脂，延缓衰老。

实用小贴士▸▸▸▸三文鱼生吃时营养价值较高，在 70℃以上的高温下，其富含的有益脂肪酸会被破坏。

✣三文鱼最突出的优点就是含有丰富的不饱和脂肪酸，能有效降低血脂和防治心血管疾病。其高蛋白、低热量的特点，既能满足各项营养需求，又能提供优质蛋白，同时减少热量摄入；其丰富的不饱和脂肪酸可有效降低人体血脂和胆固醇；三文鱼中钾含量丰富，因此还有利尿消肿的功效。

10

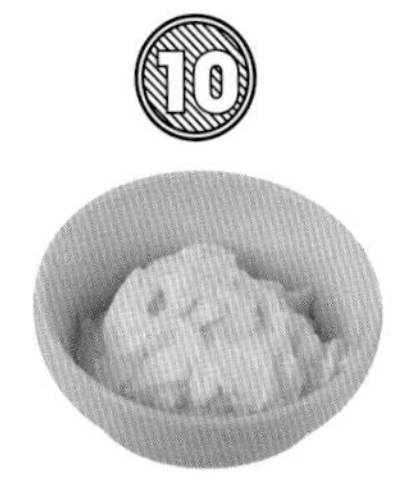

Yogurt

✣✣✣ 酸奶✣✣✣

营养信息 *per 100g* ▸▸▸▸ / 61.0 千卡 / 7.7 克 / 0.2 克 / 5.7 克

来源▸▸▸▸相传最早来自 4500 年前的游牧民族。

富含▸▸▸▸优质蛋白质、益生菌、钙、B 族维生素。

潜在好处▸▸▸▸保持消化系统的正常运转，构建肌肉。

实用小贴士▸▸▸▸酸奶可替代高热量的食材，例如冰激凌、甜品等。减肥期间可以选择一些低脂或无脂的原味酸奶，尽量避免添加其他水果的风味酸奶。

✣酸奶的发酵过程能使牛奶的蛋白质和糖被水解，从而更利于人体吸收它的营养物质，并且其中的钙质不会流失。在发酵的过程中还可以产生人体所必需的多种维生素，尤其是对减肥非常有利的 B 族维生素。当酸奶到达肠胃，还能促进消化液的分泌，提高人的消化能力，保护肠道菌群。另外，其较高含量的蛋白质有助于增肌。

11

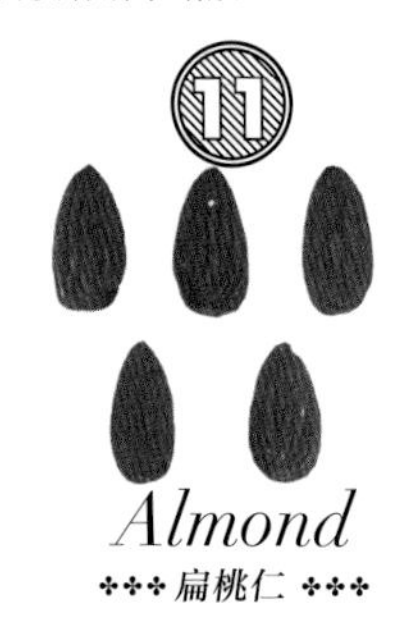

Almond

✣✣✣ 扁桃仁 ✣✣✣

营养信息 *per 100g* ▸▸▸▸ / 579.0 千卡 / 21.6 克 / 49.9 克 / 21.2 克

来源▸▸▸▸原产于美国加利福尼亚州。

富含▸▸▸▸类黄酮抗氧化剂、维生素 E、膳食纤维、单不饱和脂肪酸、矿物质。

潜在好处▸▸▸▸ 增加饱腹感，保护心脑血管，改善肤色。

实用小贴士▸▸▸▸熟扁桃仁一般可直接食用，也可与蛋糕、思慕雪等一起搭配食用。

✣扁桃仁富含维生素 E 和类黄酮抗氧化剂，有助于肌肤保湿和减缓衰老；扁桃仁中高达 70% 的不饱和脂肪酸，有助于降低人体内的胆固醇与甘油三酯含量；其丰富的膳食纤维可以降低脂肪吸收率，增加食用后的饱腹感，并有效控制血糖浓度。因此，每天少量食用扁桃仁不仅可以在一定程度上促进减肥，还可以补充优质蛋白质和不饱和脂肪酸，有助于防治心脑血管疾病。

12

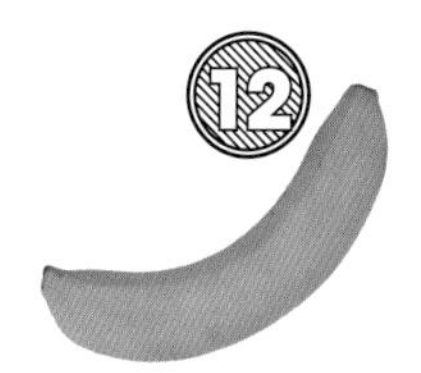

Banana

✣✣✣香蕉✣✣✣

营养信息 *per 100g* ▸▸▸▸ / 89.0 千卡 / 22.8 克 / 0.3 克 / 1.1 克

来源 ▸▸▸▸ 原产于热带的马来群岛及澳洲北部地区，现至少有 107 个国家生产香蕉。

富含 ▸▸▸▸ 各类维生素、矿物质、果胶、膳食纤维、钾、镁。

潜在好处 ▸▸▸▸ 促进肠胃蠕动，预防心血管疾病，维持血压稳定，防治胃肠溃疡。

实用小贴士 ▸▸▸▸ 挑选时尽量避免未生长完成的青香蕉。胃功能有障碍者不宜空腹吃香蕉，体寒体弱者可将香蕉蒸煮后祛寒食用。还可以用香蕉皮内侧擦拭沙发、皮鞋等皮制品，对保护皮质有很好的帮助。

✣香蕉几乎含有所有的维生素和矿物质，尤其是维生素 B_1、维生素 B_2，这两种维生素可以促进糖类和脂肪的代谢，所以在减肥期间，摄取这两种维生素非常必要。此外，香蕉含有丰富的膳食纤维，可有效增加饱腹感，同时还能促进肠胃蠕动。其较高含量的钾，可帮助协调心肌收缩和舒张功能，从而起到维持血压稳定和预防心血管疾病的功效。多吃香蕉还能舒缓胃酸对胃黏膜的刺激，修复各种溃疡病损。

13

Celery

✣✣✣芹菜✣✣✣

营养信息 *per 100g* ▸▸▸▸ / 16.0 千卡 / 3.0 克 / 0.2 克 / 0.7 克

来源 ▸▸▸▸ 地中海沿岸的沼泽地带。

富含 ▸▸▸▸ 维生素 A、维生素 B_1、维生素 B_2、维生素 C、钙、铁、磷、膳食纤维等。

潜在好处 ▸▸▸▸ 增加肠道蠕动，利尿消肿，平肝降压，减少动脉硬化罹患的危险。

实用小贴士 ▸▸▸▸ 芹菜性凉，阴虚人士不宜多食，容易引起胃寒；芹菜营养成分多存于菜叶中，食用时应连叶一起。

✣芹菜属伞形科植物，分为水芹、西芹和旱芹。旱芹多为药用，而水芹与西芹则功能相近，均性凉、味甘，可降压，且纤维含量较高。芹菜中含有大量水分，其余则是膳食纤维与各类丰富的维生素。而芹菜的高纤维，有助于促进肠道蠕动，从而缓解便秘，使体内废物排出体外。同时芹菜还含有丰富的抗氧化成分，非常有利于心血管健康，可以降低动脉硬化的危险。

14

Grapefruit

✣✣✣葡萄柚（西柚）✣✣✣

营养信息 *per 100g* ▸▸▸▸ / 30.0 千卡 / 7.5 克 / 0.1 克 / 0.6 克

来源 ▸▸▸▸ 起源于亚洲，1750 年首次被发现于拉丁美洲巴巴多斯群岛的加勒比海上。

富含 ▸▸▸▸ 维生素 P、维生素 C、可溶性膳食纤维、叶酸等。

潜在好处 ▸▸▸▸ 护肤，促进抗体功能，降低糖尿病罹患风险。

实用小贴士 ▸▸▸▸ 柚子皮不要丢，洗净晒干后可以用来泡水喝，可以起到降脂美容的功效。

✣葡萄柚味道偏酸微苦，可有效抑制食欲。它包含约 60% 的水分，剩余则是各种营养元素和膳食纤维，在增加饱腹感的同时也有助于缓解便秘。葡萄柚对胰岛素水平也有影响，有研究表明，葡萄柚中含有某种物质，可适当降低胰岛素水平。虽然胰岛素的主要功能并不是体重管理，但是胰岛素会帮助控制脂肪的合成与代谢，也就是说胰岛素上升水平越低，摄入的热量越不容易被合成为脂肪贮存起来。

Watermelon

✣✣✣西瓜✣✣✣

营养信息 *per 100g* ▸▸▸▸ / 30.0 千卡 / 7.6 克 / 0.2 克 / 0.6 克

来源 ▸▸▸▸ 非洲。

富含 ▸▸▸▸ 苹果酸、果糖、氨基酸等。

潜在好处 ▸▸▸▸ 利尿，清肠润肺，清热解毒。

实用小贴士 ▸▸▸▸ 西瓜皮可以去油污。

✣西瓜大部分都是水分，脂肪含量几乎为零。西瓜中还含有丰富的 B 族维生素，维生素 B_1 是将糖分转化为能量的主要辅助酶，维生素 B_2 则可以促进脂肪的代谢，所以西瓜促进新陈代谢的效果非常显著。与此同时，西瓜还富含膳食纤维及蛋白质，能为人体补充健康营养元素。

16

Lean

✣✣✣精瘦肉（以牛肉为例）✣✣✣

营养信息 *per 100g* ▸▸▸▸ / 106.0 千卡 / 1.2 克 / 2.3 克 / 20.2 克

富含 ▸▸▸▸ 蛋白质、铁、磷、钾、钠等。

潜在好处 ▸▸▸▸ 蛋白质丰富，可以帮助增长肌肉；铁含量丰富，可预防贫血。

实用小贴士 ▸▸▸▸ 新鲜的精瘦肉弹性十足，指压后凹陷会立马恢复，而品质较差的肉反之；新鲜的肉色泽鲜红光亮，品质较差的肉则会较灰暗。

✣精瘦肉的卡路里数自然不是最低的，但由于含有优质蛋白质，从而可以使身体持续代谢好几个小时。不过烹饪方式非常重要，应尽量选择水煮或煎烤的方式来代替油炸，同时选用清淡的酱汁。

17

Apple

✤✤✤苹果✤✤✤

营养信息 *per 100g* ▸▸▸▸ / 52.0 千卡 / 13.8 克 / 0.2 克 / 0.3 克

来源▸▸▸▸欧洲中部、东南部。

富含▸▸▸▸果胶、膳食纤维、维生素A、胡萝卜素等。

潜在好处▸▸▸▸保持血糖稳定，降低胆固醇，促进肠道蠕动。

实用小贴士▸▸▸▸表皮过于光亮的苹果已被打蜡，切记削皮再吃。

✤苹果富含果胶，属于可溶性膳食纤维，可促进胆固醇代谢、降低胆固醇水平，并促进脂肪分解排出；同时，足够高的纤维含量，在增强饱腹感的同时也有助于令肠道畅通。苹果中也含有丰富的钾，可与人体内多余的钠盐结合，使之排出体外。

18

Orange

✤✤✤橙子✤✤✤

营养信息 *per 100g* ▸▸▸▸ / 49.0 千卡 / 12.5 克 / 0.2 克 / 0.9 克

来源▸▸▸▸中国南部。

富含▸▸▸▸维生素C、镁、可溶性纤维等。

潜在好处▸▸▸▸调节新陈代谢，降低胆固醇，美白。

实用小贴士▸▸▸▸取新鲜橙子1个，洗净去皮，切片，去籽后贴敷面部，每天1次，每次10分钟，可淡化面部色素。

✤橙子含有丰富的镁，镁可以说是减肥必不可少的营养元素，因为它不仅是促使糖分代谢的主要元素，还有助于人体300种以上的酶正常运作。橙子也包含丰富的钾，有助于平衡血压，利尿消肿。同时，橙子中还含有一种特殊营养成分，叫作橘皮苷，即维生素P，可以降低20%的中风危险，和促进“坏胆固醇”排出。

Tomato

✤✤✤番茄✤✤✤

营养信息 *per 100g* ▸▸▸▸ / 16.0 千卡 / 3.2 克 / 0.2 克 / 1.2 克

来源▸▸▸▸秘鲁丛林。

富含▸▸▸▸胡萝卜素、钾、维生素A、维生素C、类黄酮等。

潜在好处▸▸▸▸美容抗皱，淡化色斑，防辐射。

实用小贴士▸▸▸▸将鲜熟西红柿去皮去籽后，捣烂敷患处，每日2～3次，可治真菌、感染性皮肤病。

✤番茄含有丰富的番茄红素和大量的钾，前者有很强的抗氧化功效，并有助于调节胆固醇代谢；后者有助于利尿消肿，排出体内多余的钠盐。除此之外，番茄也富含维生素C、B族维生素，以及钙、磷、镁、铁、锌、铜和碘等多种矿物质元素。

Cucumber

✤✤✤黄瓜✤✤✤

营养信息 *per 100g* ▸▸▸▸ / 15.0 千卡 / 3.6 克 / 0.1 克 / 0.6 克

来源▸▸▸▸我国所产的黄瓜，相传是由张骞出使西域时带回。

富含▸▸▸▸蛋白质、维生素B_2、维生素E、胡萝卜素等。

潜在好处▸▸▸▸降低血糖，降脂，清热解毒。

实用小贴士▸▸▸▸不宜与维生素C含量高的食物同食，因为黄瓜中含有一种维生素C分解酶，会降低人体对维生素C的吸收。

✤黄瓜是蔬菜中水分含量最多的，可显著促进代谢、清除体内火气。同时黄瓜中所含的丙醇二酸，可抑制糖类物质转变为脂肪。黄瓜水分充足，非常适宜健身运动前食用。

21

Asparagus

✤✤✤芦笋✤✤✤

营养信息 *per 100g* ▸▸▸▸ / 20.0 千卡 / 3.9 克 / 0.1 克 / 2.2 克

来源▸▸▸▸原产于地中海东岸及小亚细亚半岛附近。

富含▸▸▸▸膳食纤维、胡萝卜素、维生素C等。

潜在好处▸▸▸▸ 提高机体代谢能力，提高免疫力，抗癌。

实用小贴士▸▸▸▸患有痛风者不宜过多食用芦笋。

✤芦笋具有低热量、低脂肪、低糖、高纤维的特点，可增强饱腹感并促进肠道蠕动，同时补充较多蛋白质。另外，芦笋中水分充足，钾含量较高，因此有一定的排水利尿功效。

Broccoli

✤✤✤西蓝花✤✤✤

营养信息 *per 100g* ▸▸▸▸ / 34.0 千卡 / 6.7 克 / 0.3 克 / 2.9 克

来源▸▸▸▸地中海东部沿岸地区。

富含▸▸▸▸矿物质、维生素 C、胡萝卜素等。

潜在好处▸▸▸▸防治胃癌、乳腺癌，增强肝脏的解毒能力，提高机体免疫力。

实用小贴士▸▸▸▸西蓝花的花球很容易有农药残留、菜虫等问题，所以在吃之前，可将西蓝花放在盐水里浸泡几分钟，菜虫就会跑出，还有助于去除残留农药。

✤西蓝花营养成分极高，且十分全面，如丰富的蛋白质、维生素 A、各类矿物质如钙、磷、铁、钾、锌、锰等。同时西蓝花的含水量高达 90% 以上，热量很低，在十字花科中属于高纤维蔬菜，有助于促进肠胃蠕动；西蓝花也含有一定量的类黄酮物质，对高血压、心脏病有预防和改善的作用。

Carrot

✤✤✤胡萝卜✤✤✤

营养信息 *per 100g* ▸▸▸▸ / 41.0 千卡 / 9.6 克 / 0.2 克 / 1.0 克

来源▸▸▸▸ 原产于亚洲西部，阿富汗是紫色胡萝卜最早的培植地，栽培历史两千年以上。10 世纪时经伊朗传入欧洲大陆，演化发展成短圆、锥形、橘黄色的形态。

富含▸▸▸▸ β- 胡萝卜素、维生素 A、维生素 C 等。

潜在好处▸▸▸▸ 增强免疫力，促进肠道健康，促进新陈代谢，增进血液循环。

实用小贴士▸▸▸▸ 挑选胡萝卜时，以表皮光滑，叶子翠绿，形状整齐无裂口和病虫伤害的为佳。

✤胡萝卜明亮的橙红色外表，是因其含有丰富的 β- 胡萝卜素，以及相对较少的 α- 胡萝卜素、γ- 胡萝卜素、叶黄素和玉米黄质。其部分 α- 胡萝卜素和 β- 胡萝卜素进入人体后，会在一些酶的作用下转变为维生素 A，有益视力。胡萝卜的膳食纤维含量也非常高，所以有助于增强饱腹感，促进肠道蠕动，加快新陈代谢和血液循环。

Green Tea

✤✤✤绿茶✤✤✤

营养信息 *per 100g* ▸▸▸▸ / 1.0 千卡 / 0 克 / 0.3 克 / 0 克

来源▸▸▸▸ 蒙顶山是我国历史上有文字记载的最早进行茶叶人工种植的地方。

富含▸▸▸▸ 茶多酚、儿茶素、叶绿素、咖啡因、氨基酸、维生素。

潜在好处▸▸▸▸ 醒脑提神，降脂，抗病毒，缓解疲劳，护齿明目。

实用小贴士▸▸▸▸ 不要空腹喝茶，对肠胃刺激很大；胃寒的人也不宜过多饮茶，会引起肠胃不适。

✤《本草拾遗》中记载，茶叶有"久食令人瘦"之功效，是因为绿茶中富含茶多酚，其较强的抗氧化能力和生理活性，可清除对人体有害的过量自由基。绿茶中还含有咖啡因和儿茶素，前者可提高胃液分泌量，促进消化和脂肪代谢，后者有助于减少腹部脂肪。

Black Coffee

✤✤✤黑咖啡✤✤✤

营养信息 *per 100g* ▸▸▸▸ / 2.0 千卡 / 0 克 / 0.3 克 / 0.1 克

来源▸▸▸▸ 咖啡树原产于非洲埃塞俄比亚西南部的高原地区。

富含▸▸▸▸ 咖啡因、丹宁酸。

潜在好处▸▸▸▸ 提神醒脑，可促进肠蠕动，帮助消化，利窍除湿，活血化瘀。

实用小贴士▸▸▸▸ 想要瘦腿或有局部肥胖问题的人群，可将煮剩下的咖啡渣用纱布包裹起来，用它来揉搓腿部浮肿和肥胖部位，可以起到良好的缓解腿部疲劳、加快细胞代谢的功效。

✤黑咖啡即不加糖、奶的咖啡。黑咖啡的咖啡因浓度较高，有燃脂、利尿、促进消化和新陈代谢的功效，还有助于刺激分解脂肪的激素分泌，如肾上腺素。

21 种替换秘诀，让烘焙更健康

邵梦莹 / text & photo

✶一提到烘焙，多数人的印象都是高热量、高糖、高脂肪，所以很多人对烘焙食品的摄入量严格控制。尤其是市面出售的烘焙食品，大多添加剂过多，最放心的还是自己做。自己做不仅不用添加剂，还能使用一些替换材料，将原本高糖分、高脂肪的材料巧妙替代，面粉类、糖类、油类、鸡蛋类，都有各式各样的健康替换方案，风味口感虽也会有些许变化，但谁说新的风味，不会比之前更好呢？

---------- 面粉类 ----------

黑米粉替代面粉

黑米是一种营养价值非常高的谷物，富含钾、镁等矿物质，对控制血压、降低心脑血管疾病的患病风险具有良好效果，素有“黑珍珠”和“世界米中之王”的称号，因古代常作为贡品来献给皇帝，也被称为“黑贡米”。黑米通常以煮粥或是做蒸糕类食物居多，在烘焙中通常使用黑米粉，或是黑米泡水后搅打成泥，再与其他面粉混合进行制作。

黑面粉：普通面粉 = 333 千卡：366 千卡（每 100 克）

替代方法 ▸▸▸▸以 1 ： 1 的比例，用黑面粉替代面粉，或黑米泡水后打成泥再与其他面粉混合，比例 5 ： 4。

黑豆粉替代面粉

黑豆又称黑大豆，以高蛋白、低热量而著名，其蛋白质含量可相当于肉类的两倍、蛋类的 3 倍、牛奶的 12 倍，具有可观的粗纤维含量，而且基本不含胆固醇。常吃黑豆有助于软化血管、滋润皮肤、延缓衰老等。与黑米一样，在烘焙时可使用黑豆粉或黑豆泥。

黑豆粉：普通面粉 = 438 千卡：366 千卡（每 100 克）

替代方法 ▸▸▸▸以 1 ： 1 的比例，用黑豆粉替代普通面粉，因黑豆粉吃水，用水量上可根据情况适当添加。

全麦面粉替代面粉

全麦面粉可以为糕点增添更多的植物纤维，帮助人体消化食物，还可以让蛋糕的口感更富弹性，除此之外，多食用全麦面粉还有助于降低糖尿病和心脏病的患病风险。

全麦面粉：普通面粉 = 352 千卡：366 千卡（每 100 克）

替代方法 ▸▸▸▸以 7 ： 8 的比例，用全麦面粉替代普通面粉。

薏米粉替代面粉

近来，薏米粉因其较高的美容价值和保健价值备受追捧，中医认为薏米性凉味甘，有很好的清热、利湿、排毒等功效，对美白保湿、行气补血也有一定的好处。在烘焙中也可以添加几勺薏米粉，以增加蛋糕的营养价值。

薏米粉：普通面粉 = 402 千卡 ： 366 千卡（每 100 克）

替代方法 ▸▸▸▸以 1 ： 1 的比例，用薏米粉替代普通面粉，少量替换。

---------- 糖类 ----------

✣✣✣香草精替代白砂糖✣✣✣

香草精是一种从香草籽中提炼的食用香精，具有浓郁的香草风味，一般多用于增添风味。除此之外，香草精还可作为白砂糖的替代品，甜度不变而热量降低，通常 10 克香草精可以替代 60 克左右白砂糖，每替代 100 克白砂糖，热量能降低约 120 千卡。但因香草精是一种人工香精，且味道过于浓郁，所以一次不宜替换太多。

香草精：白砂糖 = 288 千卡 ： 400 千卡(每 100 克)

替代方法▸▸▸▸以 1 ： 6 的比例，用香草精替代白砂糖，食谱中的水可适当少放。

✣✣✣甜菜糖替代白砂糖✣✣✣

甜菜糖是一种从甜菜的根、茎、叶中提取出来的糖，富含多种矿物质。在烘焙中用甜菜糖可以使口味更清甜不腻，也可为食物着色，日本人使用甜菜糖较多

甜菜糖：白砂糖 = 390 千卡 ： 400 千卡(每 100 克)

替代方法▸▸▸▸以 1 ： 1 的比例，用甜菜糖替代白砂糖。

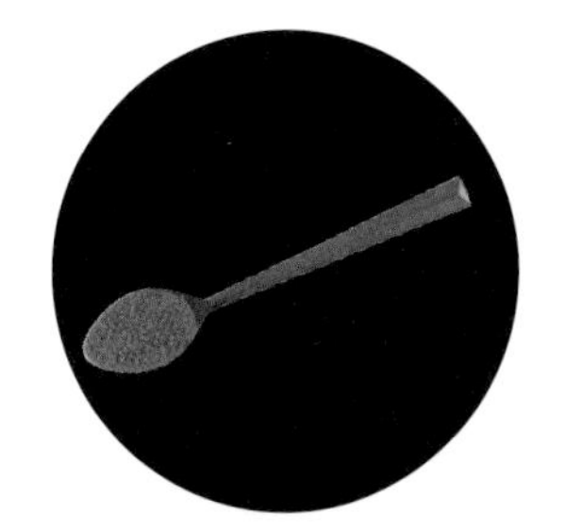

✣✣✣蜂蜜替代白砂糖✣✣✣

蜂蜜的甜度较高，比蔗糖要高出 25%~50%，用其替代白砂糖的做法十分常见。蜂蜜本身含有多种维生素、矿物质和氨基酸，还对心脏病、高血压、神经系统疾病有良好的医疗辅助作用。

蜂蜜：白砂糖 = 321 千卡 ： 400 千卡(每 100 克)

替代方法▸▸▸▸▸ 以 1 ： 1 的比例，用蜂蜜替代白砂糖；若替代量超过 200 克，则超出部分，应以 3 ： 4 比例替代白砂糖，同时减少 1/4 其他液体配料，最后再加少许烘焙苏打中和酸性。

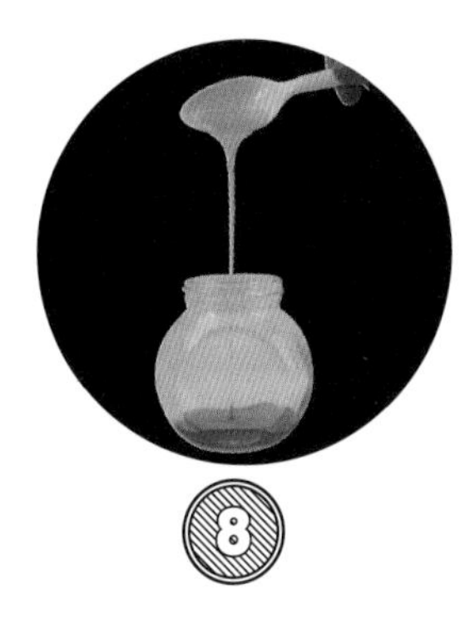

8

✣✣✣枫糖浆替代白砂糖✣✣✣

枫糖浆是一种由糖枫树的树液制成的糖浆，富含矿物质，具有美容效果。好的枫糖浆呈金黄色，味道幽香甜蜜。虽然枫糖浆的甜度只有蔗糖的 60%，但纯枫糖浆的糖分比细砂糖高，所以在烘焙中使用枫糖浆可以让食物更富有色泽。

枫糖浆：白砂糖 = 350 千卡 ： 400 千卡 (每 100 克)

替代方法▸▸▸▸以 3 ： 4 的比例，用枫糖浆替代白砂糖，同时减少 1/4 液体配料。

✣✣✣麦芽糖替代白砂糖✣✣✣

麦芽糖是一种以高粱、米、大麦、粟、玉米等淀粉质粮食蒸煮发酵制成的糖浆，颜色与蜂蜜类似，但甜度略低，经常食用麦芽糖，对胃寒腹痛、气虚咳嗽有良好改善效果。在烘焙中使用麦芽糖替代白砂糖，则能提供更高的营养价值和独特风味。

麦芽糖：白砂糖 = 331 千卡 ： 400 千卡 (每 100 克)

替代方法▸▸▸▸ 以 1 ： 1 的比例，用麦芽糖替代白砂糖，同时减少 1/4 液体配料。

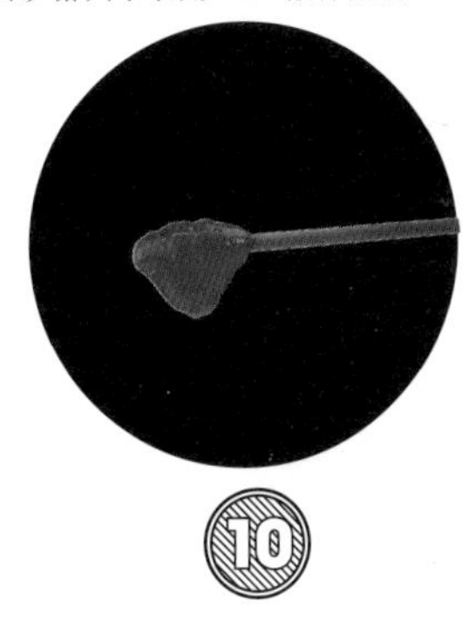

10

✣✣✣甜菊糖替代白砂糖✣✣✣

甜菊糖是一种从甜菊叶中精提取而成的天然甜味剂，其在南美洲已有数百年的历史。甜菊糖最突出的优势就是甜度高，但热量低，所以对于减肥者、糖尿病患者都是非常好的甜味剂选择。甜菊糖易溶于水，与蔗糖、果糖混合使用风味更佳。

甜菊糖：白砂糖 =24 千卡 ： 400 千卡(每 100 克)

替代方法▸▸▸▸ 甜菊糖与白砂糖混合使用风味更佳，与白砂糖的替代比例为 1 ： 10，如要使用 100 克白砂糖，可取 50 克白砂糖和 5 克甜菊糖即可。

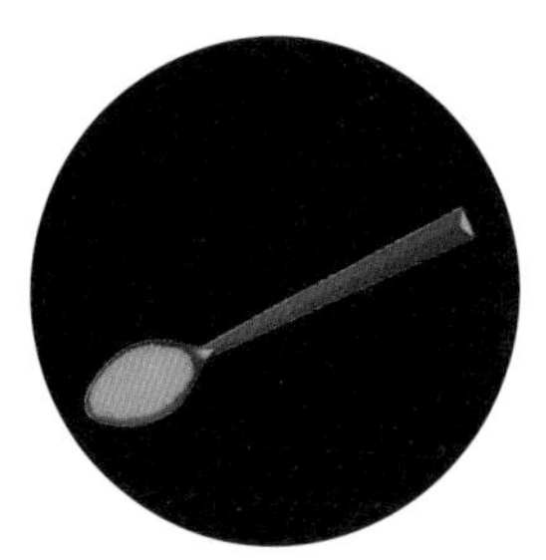

木糖醇替代白砂糖

木糖醇是一种从白桦树、橡树、玉米芯等植物原料中提取的天然甜味剂，最为人熟知的就是它的“无糖甜味剂”称号，糖尿病患者也可食用，木糖醇的甜度与蔗糖相当，热量却是其 60%，而且不会引起龋齿。

木糖醇：白砂糖 = 240 千卡 ： 400 千卡（每 100 克）

替代方法 ▸▸▸▸ 以 1 ： 1 的比例，用木糖醇替代白砂糖（每天摄入量最好不高于 50 克）。

---------- 油 类 ----------

牛油果替代黄油

牛油果与黄油都含有丰富脂肪，在布朗尼等糕点食谱中使用牛油果肉，不仅可以起到黄油的作用，也可为食物带来更多的营养价值，如多种维生素、脂肪酸、蛋白质和微量元素等，牛油果肉与巧克力搭配味道更好。

牛油果：黄油 = 160 千卡 ： 716 千卡（每 100 克）

替代方法 ▸▸▸▸以 1 ： 1 的比例，用牛油果肉替代黄油。

13

香蕉泥替代黄油或普通植物油

黄油在烘焙中的作用之一，是锁住面团中的水分，以增加面团的延展性，而用香蕉泥替代黄油，其实是由于香蕉中含有丰富的果胶，能够增加湿度和使口感更醇厚。使用香蕉还可增加食物中的钾、植物纤维和维生素 B_6，也可以改善口感与质地。但是香蕉的味道较浓郁，使用过多会使食物最终变成“香蕉口味”，所以应适量替代。

香蕉泥：黄油 = 89 千卡 ： 716 千卡（每 100 克）

替代方法 ▸▸▸▸以 1 ： 1 的比例，用香蕉泥替代黄油或者植物油，适量替代。

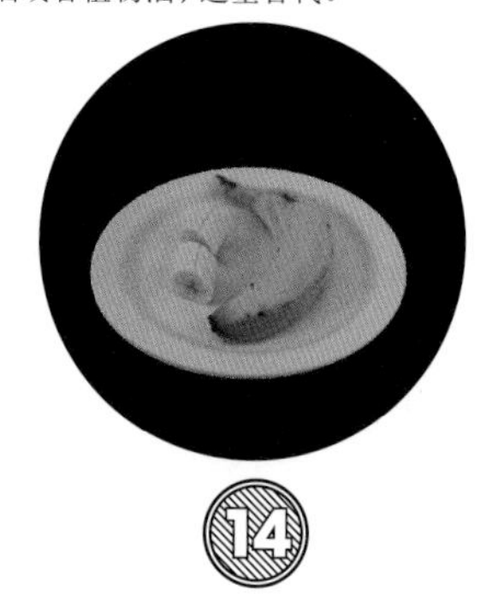

14

奇亚籽替代黄油

奇亚籽是芡欧鼠尾草的种子，富含 OMEGA-3 脂肪酸以及优质蛋白质、膳食纤维和各种微量元素，是一款很好的抗氧化食材。把奇亚籽碾碎泡在水中，可以释放凝胶类物质，与果胶一样，可以用来替代黄油以增强面团锁水能力，奇亚籽替代黄油，还可丰富食物的营养价值。

奇亚籽：黄油 =486 千卡 ： 716 千卡（每 100 克）

替代方法 ▸▸▸▸ 奇亚籽碾碎，以 1 ： 3 的比例与水混合，浸泡至少 15 分钟即可使用，与黄油混合使用味道更佳。

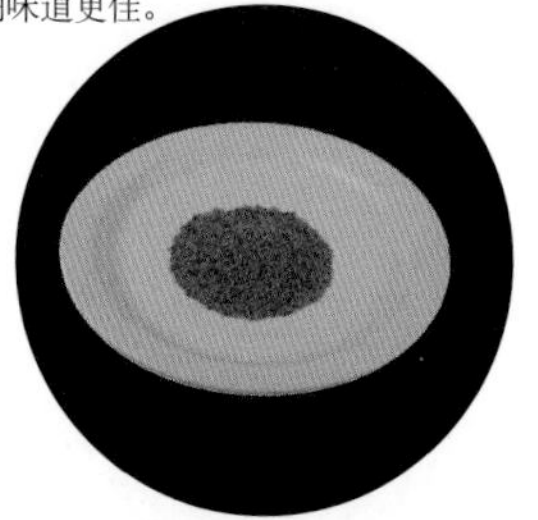

亚麻籽替代黄油

亚麻籽与奇亚籽一样，是一款富含 OMEGA-3 脂肪酸，以及膳食纤维和各种微量元素的食材，有助于预防慢性疾病。因为亚麻籽有很强的坚果味道，用它替代黄油不但可以丰富食物的营养，也能给烘焙食品带来独特风味，其富含的黏性物质则可代替黄油增加面糊稠度。另外，亚麻籽油也可以替代黄油以及植物油。

亚麻籽：亚麻籽油：黄油 = 376 千卡 ： 884 千卡 ：716 千卡（每 100 克）

替代方法 ▸▸▸▸ 亚麻籽磨碎以 1 ： 3 的比例与水混合，再以 1 ： 1 的比例等量替代黄油，与黄油混合使用味道更佳。

椰子油替代黄油或普通植物油

椰子油主要从椰子肉中取得，相较于其他油类更易消化，对身体负担更小，而且可加速新陈代谢，并促进骨骼健康。椰子油有清新的椰子风味，替代黄油或植物油使用，可以让食物更富清香，饼干中使用还可以使其更酥脆。

椰子油：黄油 = 862 千卡 ： 716 千卡（每 100 克）

替代方法 ▸▸▸▸以 1 ： 1 的比例，用椰子油替代黄油。

---------- 蛋 类 ----------

豆腐替代鸡蛋

鸡蛋在烘焙中有提供蛋白质营养、稳定结构、增稠、使食物蓬松等效果，而豆腐具有较高的营养价值，富含各式微量元素、维生素以及蛋白质，可较好地发挥鸡蛋在烘焙中的前三个作用，所以用豆腐替代鸡蛋用于烘焙当中，不仅有助于面团或面糊保持较高湿度，也会给成品增添天然豆香。

豆腐：鸡蛋 =76 千卡 ： 144 千卡（每 100 克）

替代方法 ▸▸▸▸豆腐倒入搅拌机搅成乳脂状，50 克豆腐即可替代一个鸡蛋。

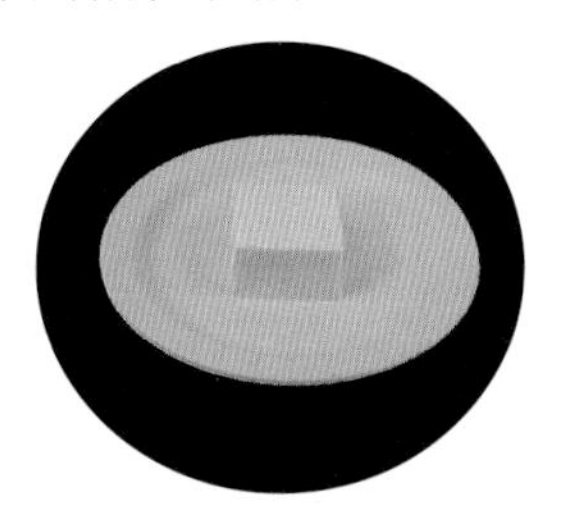

奇亚籽替代鸡蛋

奇亚籽替代鸡蛋，是很多素食烘焙爱好者的选择之一。其凝胶类物质可以增加面团或面糊湿度、稳定结构，让烘焙成品在口感上相差不多，而营养物质也更丰富。但是要注意不可同时用奇亚籽替代黄油与鸡蛋。

奇亚籽：鸡蛋 = 486 千卡 ： 144 千卡（每 100 克）

替代方法 ▸▸▸▸奇亚籽磨碎与水以 1 ： 3 的比例混合浸泡，再以 1 ： 1 的比例替代鸡蛋。

亚麻籽粉替代鸡蛋

亚麻籽粉是将亚麻籽研磨而得，前文提到过亚麻籽可以替代黄油，就是因为亚麻籽同样具有凝固作用，可以增加稠度。亚麻籽粉相较于亚麻籽更细腻，可以更好地稳定食物结构以及增加湿度，另外其丰富的营养物质也是其能成为鸡蛋替代物的重要原因。注意不可用亚麻籽或亚麻籽粉同时替代食谱中的黄油和鸡蛋。

亚麻籽粉：鸡蛋 = 525 千卡 ： 144 千卡（每 100 克）

替代方法 ▸▸▸▸15 克亚麻籽粉与 45 毫升热水混合均匀，放入冰箱冷藏 5~10 分钟，可替代一个鸡蛋。

---------- 其 他 类 ----------

希腊酸奶替代酸奶油

希腊酸奶是指牛奶经过滤后，制成的脱乳清酸奶，比一般酸奶更浓稠，且比一般酸奶脂肪含量低。其蛋白质含量较高，且水分较少，可在烘焙时替代酸奶油或一般酸奶。

希腊酸奶：酸奶油 = 147 千卡 ： 193 千卡（每 100 克）

替代方法 ▸▸▸▸以 1 ： 1 的比例，用希腊酸奶替代酸奶油。

豆浆或杏仁奶替代牛奶

用豆浆或者杏仁奶替代牛奶是很多素食者的选择。豆浆和杏仁奶中含有丰富的植物蛋白质，除此之外，还有丰富的微量元素和矿物质，热量比牛奶低，质地也较牛奶来说更加轻盈。用它们来替代牛奶进行烘焙时，风味肯定有些许变化，所以可依喜好酌情使用。

豆浆：杏仁奶：牛奶 =14 千卡 ： 46 千卡 ： 61 千卡（每 100 克）

替代方法 ▸▸▸▸以 1 ： 1 的比例，用豆浆或杏仁奶替代牛奶。

✣ 食 材 营 养 信 息 表 ✣

蔬菜

	热量（千卡）	碳水化合物（克）	脂肪（克）	蛋白质（克）	纤维素（克）	镁（毫克）	钙（毫克）	锌（毫克）	钾（毫克）	维生素 B_6（毫克）	维生素 B_{12}（微克）	维生素C（毫克）	维生素A，RAE（微克）
羽衣甘蓝	49.00	8.75	0.93	4.28	3.60	47.00	0.56	0.56	491.00	120.00	–	120.00	500.00
海带	43.00	9.75	0.56	1.68	1.30	121.00	1.23	1.23	89.00	0.01	–	3.00	6.00
菠菜	23.00	3.63	0.39	2.86	2.20	79.00	99.00	0.53	558.00	0.20	–	28.10	469.00
小萝卜菜	32.00	7.13	0.30	1.50	3.20	31.00	190.00	0.19	296.00	0.26	–	60.00	579.00
小萝卜	16.00	3.40	0.10	0.68	1.60	10.00	25.00	0.28	233.00	0.07	–	14.80	–
小芝麻菜	25.00	3.65	0.66	2.58	1.60	47.00	160.00	0.47	369.00	0.07	–	15.00	81.00
生菜	15.00	2.87	0.15	1.36	1.30	13.00	36.00	0.18	194.00	0.09	–	9.20	370.00
甜菜	22.00	4.33	0.13	2.20	3.70	70.00	117.00	0.38	762.00	0.11	–	30.00	316.00
西蓝花	34.00	6.64	0.34	2.82	2.60	21.00	47.00	0.41	316.00	0.18	–	89.20	31.00
黄瓜	15.00	3.63	0.11	0.65	0.50	13.00	16.00	0.20	147.00	0.04	–	2.80	5.00
甜椒	20.00	4.64	0.17	0.86	1.70	10.00	10.00	0.13	175.00	0.22	–	80.40	18.00
黄豆芽	122.00	9.57	6.70	13.09	1.10	72.00	67.00	1.17	484.00	0.18	–	8.00	1.00
香菇	34.00	6.79	0.49	2.24	2.50	20.00	2.00	1.03	304.00	0.29	–	2.00	–
胡萝卜	41.00	9.58	0.24	0.93	2.80	12.00	33.00	0.24	320.00	0.14	–	5.90	835.00
芦笋	20.00	3.88	0.12	2.20	2.10	14.00	24.00	0.54	202.00	0.09	–	5.60	38.00
玉米笋	6.00	4.90	0.20	1.10	4.90	–	6.00	0.33	36.00	0.01	–	0.01	7.00
白菜	16.00	3.23	0.20	1.20	1.20	13.00	77.00	0.23	238.00	0.09	–	27.00	20.00
香葱	30.00	4.35	0.73	3.27	2.50	42.00	92.00	0.56	296.00	0.14	–	58.10	218.00
西葫芦	17.00	3.11	0.32	1.21	1.00	18.00	16.00	0.32	261.00	0.16	–	17.90	10.00
尖椒	40.00	9.46	0.20	2.00	1.50	25.00	18.00	0.30	340.00	0.28	–	242.50	59.00
秋葵	33.00	7.45	0.19	1.93	3.20	57.00	82.00	0.58	299.00	0.22	–	23.00	36.00
豌豆粒	81.00	14.45	0.40	5.42	5.10	33.00	25.00	1.24	244.00	0.17	–	40.00	38.00
油菜	23.00	3.80	0.50	1.80	1.10	22.00	108.00	0.33	210.00	0.12	–	36.00	103.00
洋葱	40.00	9.34	0.10	1.10	1.70	10.00	23.00	0.17	146.00	12.00	–	7.40	–
欧芹	36.00	6.33	0.79	2.97	3.30	50.00	138.00	1.07	554.00	0.90	–	133.00	421.00
莳萝	43.00	7.00	1.00	3.00	2.00	55.00	208.00	0.90	738.00	0.20	–	24.10	85.00
番茄	16.00	3.18	0.19	1.16	0.90	8.00	5.00	0.14	212.00	0.06	–	16.00	75.00
紫叶生菜	16.00	2.26	0.22	1.33	0.90	12.00	33.00	0.20	187.00	0.10	–	3.70	375.00

	热量(千卡)	碳水化合物(克)	脂肪(克)	蛋白质(克)	纤维素(克)	镁(毫克)	钙(毫克)	锌(毫克)	钾(毫克)	维生素B_6(毫克)	维生素B_{12}(微克)	维生素C(毫克)	维生素A,RAE(微克)
海苔	**34.00**	5.00	**0.30**	6.00	**0.30**	2.00	**70.00**	0.61	**356.00**	0.60	**–**	44.58	**1258.36**
黑木耳	**205.00**	65.60	**1.50**	12.10	**29.90**	152.00	**247.00**	3.18	**757.00**	0.70	**–**	—	**17.00**
茄子	**25.00**	5.88	**0.18**	0.98	**3.00**	14.00	**9.00**	0.16	**229.00**	0.08	**–**	2.20	**1.00**
白玉菇	**25.81**	2.50	**0.50**	2.52	**2.80**	12.70	**8.60**	0.50	**386.00**	4.06	**–**	0.55	**–**
芹菜	**16.00**	2.97	**0.17**	0.69	**1.60**	11.00	**40.00**	0.13	**260.00**	0.07	**–**	3.10	**22.00**
口蘑	**242.00**	31.60	**3.30**	38.70	**17.20**	167.00	**169.00**	9.04	**2106.00**	0.33	**–**	—	**–**
土豆	**77.00**	17.47	**0.09**	2.02	**2.20**	23.00	**12.00**	0.29	**421.00**	0.30	**–**	19.70	**–**
牛蒡	**72.00**	17.34	**0.15**	1.53	**3.30**	38.00	**41.00**	0.33	**308.00**	0.24	**–**	3.00	**–**
白萝卜	**18.00**	4.10	**0.10**	0.60	**1.60**	16.00	**27.00**	0.15	**227.00**	0.05	**–**	22.00	**–**
芸豆	**333.00**	60.01	**0.83**	23.58	**24.90**	140.00	**143.00**	2.79	**1406.00**	0.40	**–**	4.50	**–**
玉米粒	**79.00**	19.44	**0.50**	2.41	**2.00**	23.00	**5.00**	0.46	**186.00**	0.06	**–**	8.10	**4.00**
南瓜	**26.00**	6.50	**0.10**	1.00	**0.50**	12.00	**21.00**	0.32	**340.00**	0.06	**–**	9.00	**426.00**
卷心菜	**25.00**	5.80	**0.10**	1.28	**2.50**	12.00	**40.00**	0.18	**170.00**	0.12	**–**	36.60	**5.00**
酸角	**239.00**	62.50	**0.60**	2.80	**5.10**	92.00	**74.00**	0.10	**628.00**	0.07	**–**	3.50	**2.00**
茴香	**31.00**	5.90	**0.40**	2.80	**1.80**	38.00	**178.00**	0.70	**340.00**	0.09	**–**	30.00	**248.00**

肉制品及海鲜

三文鱼	**142.00**	—	**6.34**	19.84	**–**	29.00	**12.00**	0.64	**490.00**	0.82	**3.18**	—	**12.00**
牛肉	**125.00**	2	**4.20**	19.90	**–**	20.00	**23.00**	4.73	**216.00**	0.41	**3.24**	—	**7.00**
鸡胸肉	**142.00**	15.00	**16.00**	15.00	**1.00**	23.00	**19.00**	0.80	**347.00**	—	**0.30**	0.80	**5.00**
虾	**71.00**	0.91	**1.01**	13.61	**–**	22.00	**54.00**	0.97	**113.00**	0.16	**1.11**	—	**54.00**
鲈鱼	**79.00**	—	**1.54**	15.31	**–**	23.00	**28.00**	0.29	**187.00**	0.07	**1.50**	—	**12.00**
鸡蛋	**143.00**	0.72	**9.51**	12.56	**–**	12.00	**56.00**	1.29	**138.00**	0.17	**0.89**	—	**160.00**
火腿	**263.00**	1.84	**20.68**	16.28	**–**	16.00	**10.00**	1.90	**311.00**	0.26	**0.95**	—	**–**
比目鱼	**70.00**	—	**1.93**	12.41	**–**	18.00	**21.00**	0.32	**160.00**	0.10	**1.13**	—	**10.00**
猪里脊	**143.00**	1.5	**6.20**	20.30	**–**	25.00	**6.00**	2.99	**305.00**	0.03	**0.23**	—	**–**

豆制品

	热量（千卡）	碳水化合物（克）	脂肪（克）	蛋白质（克）	纤维素（克）	镁（毫克）	钙（毫克）	锌（毫克）	钾（毫克）	维生素B_6（毫克）	维生素B_{12}（微克）	维生素C（毫克）	维生素A，RAE（微克）
南豆腐	61.00	1.80	3.69	6.55	0.20	27.00	111.00	0.64	120.00	0.05	—	0.20	—
北豆腐	98.00	2.00	4.80	12.20	0.50	63.00	138.00	0.63	106.00	0.50	1.45	—	5.00
鹰嘴豆	378.00	62.95	6.04	20.47	12.20	79.00	57.00	2.76	718.00	0.54	—	4.00	3.00
豆皮	409.00	18.80	17.40	44.60	0.20	111.00	116.00	3.81	536.00	0.07	—	—	—

坚果种子类

	热量（千卡）	碳水化合物（克）	脂肪（克）	蛋白质（克）	纤维素（克）	镁（毫克）	钙（毫克）	锌（毫克）	钾（毫克）	维生素B_6（毫克）	维生素B_{12}（微克）	维生素C（毫克）	维生素A，RAE（微克）
奇亚籽	486.00	42.12	30.74	16.54	34.40	335.00	631.00	4.58	407.00	0.38	—	1.60	—
大杏仁	579.00	21.55	49.93	21.15	12.50	270.00	269.00	3.12	733.00	0.14	—	—	—
亚麻籽	534.00	28.88	42.16	18.29	27.30	392.00	255.00	4.34	813.00	0.47	—	—	—
美国核桃	654.00	13.71	65.21	15.23	6.70	158.00	98.00	3.09	441.00	0.54	—	1.30	1.00
腰果	553.00	30.19	43.85	18.22	3.30	292.00	37.00	5.78	660.00	0.42	—	0.50	—
南瓜子	574.00	14.71	49.05	29.84	6.50	550.00	52.00	7.64	788.00	0.10	—	1.80	—
葵花子	584.00	20.00	51.46	20.78	8.60	325.00	78.00	5.00	645.00	1.35	—	1.40	3.00
花生	567.00	16.13	49.24	25.80	8.50	168.00	92.00	3.27	705.00	0.35	—	—	—
开心果	562.00	27.51	45.39	20.27	10.30	121.00	105.00	2.20	1025.00	1.70	—	5.60	21.00
松子仁	673.00	13.08	68.37	13.69	3.70	251.00	16.00	6.45	597.00	0.09	—	0.80	1.00

主食

	热量（千卡）	碳水化合物（克）	脂肪（克）	蛋白质（克）	纤维素（克）	镁（毫克）	钙（毫克）	锌（毫克）	钾（毫克）	维生素B_6（毫克）	维生素B_{12}（微克）	维生素C（毫克）	维生素A，RAE（微克）
藜麦	368.00	64.16	6.07	14.12	7.00	197.00	47.00	3.10	563.00	0.49	—	—	1.00
燕麦	389.00	66.27	6.90	16.89	10.60	177.00	54.00	3.97	429.00	0.12	—	—	—
大米	358.00	79.15	0.52	6.50	2.80	23.00	3.00	1.10	76.00	0.08	—	—	—
糙米	370.00	77.24	2.92	7.94	3.50	143.00	23.00	2.02	223.00	0.51	—	—	—
麦麸	216.00	64.51	4.25	15.55	42.80	611.00	73.00	7.27	1182.00	1.30	—	—	—
全麦粉	340.00	71.97	2.50	13.21	10.70	137.00	34.00	2.60	363.00	0.41	—	—	—
红薯	86.00	20.12	0.05	1.57	3.00	25.00	30.00	0.30	337.00	0.21	—	2.40	709.00
玉米	86.00	18.70	1.35	3.27	2.00	37.00	2.00	0.46	270.00	0.09	—	6.80	—
黑豆	341.00	62.36	1.42	21.60	15.50	171.00	123.00	3.65	5.60	0.29	—	—	—

	热量（千卡）	碳水化合物（克）	脂肪（克）	蛋白质（克）	纤维素（克）	镁（毫克）	钙（毫克）	锌（毫克）	钾（毫克）	维生素B_6（毫克）	维生素B_{12}（微克）	维生素C（毫克）	维生素A，RAE（微克）
黄豆	**345.00**	60.70	**2.60**	34.00	**25.10**	222.00	**166.00**	2.83	**1042.00**	0.44	**—**	—	**—**
紫米	**342.97**	75.10	**1.70**	8.30	**2.60**	165.00	**13.86**	2.36	**423.00**	0.08	**—**	—	**—**
通心粉	**348.00**	75.03	**1.40**	14.63	**8.30**	143.00	**40.00**	2.37	**215.00**	0.22	**—**	—	**—**
杏仁粉	**420.00**	68.00	**9.00**	10.00	**10.40**	275.00	**216.00**	3.10	**32.00**	0.10	**—**	—	**—**
乌冬面	**131.00**	27.54	**0.18**	4.00	**—**	2.00	**8.00**	0.22	**29.00**	0.01	**—**	—	**—**
魔芋精粉	**37.00**	78.80	**0.10**	4.60	**74.40**	66.00	**45.00**	2.05	**299.00**	0.02	**—**	—	**—**

调味料

	热量（千卡）	碳水化合物（克）	脂肪（克）	蛋白质（克）	纤维素（克）	镁（毫克）	钙（毫克）	锌（毫克）	钾（毫克）	维生素B_6（毫克）	维生素B_{12}（微克）	维生素C（毫克）	维生素A，RAE（微克）
辣椒粉	**318.00**	56.63	**17.27**	12.01	**27.20**	152.00	**148.00**	2.48	**2014.00**	2.45	**—**	76.40	**2081.00**
香草精	**288.00**	12.65	**0.06**	0.06	**—**	12.00	**11.00**	0.11	**148.00**	0.03	**—**	—	**—**
蜂蜜	**304.00**	82.40	**—**	0.30	**0.20**	2.00	**6.00**	0.22	**52.00**	0.02	**—**	0.50	**—**
枫糖浆	**260.00**	67.04	**0.06**	0.04	**—**	21.00	**102.00**	1.47	**212.00**	0.01	**—**	—	**—**
肉桂粉	**247.00**	80.59	**1.24**	3.99	**53.10**	60.00	**1002.00**	1.83	**431.00**	0.16	**—**	3.80	**15.00**
黑胡椒粉	**251.00**	63.95	**3.26**	10.39	**25.30**	171.00	**443.00**	1.19	**1329.00**	0.29	**—**	0.00	**27.00**
盐	**—**	—	**—**	—	**—**	1.00	**24.00**	0.10	**8.00**	—	**—**	—	**—**
豆豉	**259.00**	39.70	**3.00**	24.10	**5.90**	202.00	**29.00**	2.37	**715.00**	0.00	**—**	—	**—**
蚝油	**51.00**	10.92	**0.25**	1.35	**0.30**	4.00	**32.00**	0.09	**54.00**	0.02	**0.41**	0.10	**—**
淀粉	**396.00**	98.90	**—**	—	**0.10**	1.00	**3.00**	—	**9.00**	0.01	**—**	—	**—**
生抽	**60.00**	5.57	**0.10**	10.51	**0.80**	40.00	**20.00**	0.43	**212.00**	0.20	**—**	—	**—**
大蒜	**149.00**	33.06	**0.50**	6.36	**2.10**	25.00	**181.00**	1.16	**401.00**	1.24	**—**	31.20	**—**
醋	**18.00**	0.04	**—**	—	**—**	1.00	**6.00**	0.01	**2.00**	—	**—**	—	**—**
番茄沙司	**101.00**	27.40	**0.10**	1.94	**0.30**	13.00	**15.00**	0.17	**281.00**	0.16	**—**	4.10	**26.00**
苹果醋	**21.00**	0.93	**—**	—	**—**	5.00	**7.00**	0.04	**73.00**	—	**—**	—	**—**
意大利黑醋	**88.00**	17.03	**—**	0.49	**—**	12.00	**27.00**	0.08	**112.00**	—	**—**	—	**—**
鱼露	**35.00**	3.64	**0.01**	5.06	**—**	175.00	**43.00**	0.20	**288.00**	0.40	**0.48**	0.50	**4.00**
白糖	**387.00**	99.98	**—**	—	**—**	—	**1.00**	0.01	**2.00**	—	**—**	—	**—**
白葡萄酒醋	**82.00**	2.60	**—**	0.07	**—**	10.00	**9.00**	0.12	**71.00**	0.05	**—**	—	**—**
孜然	**375.00**	44.24	**22.27**	17.81	**10.50**	366.00	**931.00**	4.80	**1788.00**	0.44	**—**	7.70	**64.00**
干牛至	**265.00**	68.92	**4.28**	9.00	**42.50**	270.00	**1597.00**	2.69	**1260.00**	1.04	**—**	2.30	**85.00**

	热量（千卡）	碳水化合物（克）	脂肪（克）	蛋白质（克）	纤维素（克）	镁（毫克）	钙（毫克）	锌（毫克）	钾（毫克）	维生素B_6（毫克）	维生素B_{12}（微克）	维生素C（毫克）	维生素A，RAE（微克）
姜黄粉	**312.00**	*67.14*	**3.25**	*9.68*	**22.70**	*208.00*	**168.00**	*4.50*	**2080.00**	*0.11*	**—**	*0.70*	**—**
芥末酱	**60.00**	*5.83*	**3.34**	*3.74*	**4.00**	*48.00*	**63.00**	*0.64*	**152.00**	*0.07*	**—**	*0.30*	**5.00**
甜面酱	**136.00**	*28.50*	**0.60**	*5.50*	**1.40**	*26.00*	**29.00**	*1.38*	**189.00**	–	**—**	–	**5.00**
沙拉酱	**680.00**	*0.57*	**74.85**	*0.96*	**—**	*1.00*	**8.00**	*0.15*	**20.00**	*0.01*	**0.12**	–	**16.00**
味噌	**199.00**	*26.47*	**6.01**	*11.69*	**5.40**	*48.00*	**57.00**	*2.56*	**210.00**	*0.20*	**0.08**	–	**4.00**
料酒	**50.00**	*6.30*	**—**	*0.50*	**—**	*10.00*	**9.00**	*0.08*	**88.00**	*0.02*	**—**	–	**—**
橄榄油	**884.00**	–	**100.00**	–	**—**	–	**1.00**	–	**1.00**	–	**—**	–	**—**
椰子油	**862.00**	–	**100.00**	–	**—**	–	**—**	–	**—**	–	**—**	–	**—**
香油	**884.00**	–	**100.00**	–	**—**	–	**—**	–	**—**	–	**—**	–	**—**
香菜	**23.00**	*3.67*	**0.52**	*2.13*	**2.80**	*26.00*	**67.00**	*0.50*	**521.00**	*0.15*	**—**	*27.00*	**337.00**
薄荷	**44.00**	*8.41*	**0.73**	*3.29*	**6.80**	*63.00*	**199.00**	*1.09*	**458.00**	*0.16*	**—**	*13.30*	**203.00**
罗勒叶	**23.00**	*2.65*	**0.64**	*3.15*	**1.60**	*64.00*	**177.00**	*0.81*	**295.00**	*0.16*	**—**	*18.00*	**264.00**
石榴糖浆	**267.00**	*67.00*	**—**	–	**—**	*4.00*	**6.00**	*1.02*	**28.00**	*0.01*	**—**	–	**—**
红酒醋汁	**19.00**	*0.27*	**—**	*0.04*	**—**	*4.00*	**6.00**	*0.03*	**39.00**	*0.01*	**—**	*0.50*	**—**
芝麻油	**884.00**	–	**100.00**	–	**—**	–	**—**	–	**—**	–	**—**	–	**—**
腌橄榄	**145.00**	*3.84*	**15.32**	*1.03*	**3.30**	*11.00*	**52.00**	*0.04*	**42.00**	*0.03*	**—**	–	**20.00**

水果

牛油果	**167.00**	*8.64*	**15.41**	*1.96*	**6.80**	*29.00*	**13.00**	*0.68*	**507.00**	*0.29*	**—**	*8.80*	**7.00**
草莓	**32.00**	*7.68*	**0.30**	*0.67*	**2.00**	*13.00*	**16.00**	*0.14*	**153.00**	*0.05*	**—**	*58.80*	**1.00**
蓝莓	**57.00**	*14.49*	**0.33**	*0.74*	**2.40**	*6.00*	**6.00**	*0.16*	**77.00**	*0.05*	**—**	*9.70*	**3.00**
红莓	**46.00**	*12.20*	**0.13**	*0.39*	**4.60**	*6.00*	**8.00**	*0.10*	**85.00**	*0.06*	**—**	*13.30*	**3.00**
菠萝	**45.00**	*11.82*	**0.13**	*0.55*	**1.40**	*12.00*	**13.00**	*0.08*	**125.00**	*0.11*	**—**	*16.90*	**3.00**
提子	**43.00**	*11.82*	**0.13**	*0.55*	**1.20**	*12.00*	**13.00**	*0.08*	**125.00**	*0.11*	**—**	*16.90*	**0.11**
橙子	**49.00**	*12.54*	**0.15**	*0.91*	**2.20**	*11.00*	**43.00**	*0.08*	**166.00**	*0.08*	**—**	*59.10*	**12.00**
苹果	**52.00**	*13.81*	**0.17**	*0.26*	**2.40**	*5.00*	**6.00**	*0.04*	**107.00**	*0.04*	**—**	*4.60*	**3.00**
梨子	**42.00**	*10.65*	**0.23**	*0.50*	**3.60**	*8.00*	**4.00**	*0.02*	**121.00**	*0.02*	**—**	*3.80*	**—**
桃子	**39.00**	*9.54*	**0.25**	*1.40*	**1.50**	*14.00*	**9.00**	*0.26*	**293.00**	*0.03*	**—**	*6.60*	**16.00**
奇异果	**61.00**	*14.66*	**0.52**	*1.14*	**3.00**	*17.00*	**34.00**	*0.14*	**312.00**	*0.06*	**—**	*92.70*	**4.00**
木瓜	**43.00**	*10.82*	**0.26**	*0.47*	**1.70**	*21.00*	**20.00**	*0.08*	**182.00**	*0.04*	**—**	*60.90*	**47.00**
哈密瓜	**34.00**	*8.16*	**0.19**	*0.84*	**1.60**	*19.00*	**16.00**	*0.18*	**473.00**	*0.13*	**—**	*65.00*	**169.00**

	热量（千卡）	碳水化合物（克）	脂肪（克）	蛋白质（克）	纤维素（克）	镁（毫克）	钙（毫克）	锌（毫克）	钾（毫克）	维生素B_6（毫克）	维生素B_{12}（微克）	维生素C（毫克）	维生素A，RAE（微克）
香蕉	89.00	22.84	0.33	1.09	2.60	27.00	5.00	0.15	358.00	0.37	–	8.70	3.00
杧果	60.00	14.98	0.38	0.82	1.60	10.00	11.00	0.09	168.00	0.12	–	36.40	54.00
西瓜	30.00	7.55	0.15	0.61	0.40	10.00	7.00	0.10	112.00	0.05	–	8.10	28.00
青苹果	58.00	13.61	0.19	0.44	2.80	5.00	5.00	0.04	120.00	0.04	–	4.50	2.90
圣女果	18.00	3.90	0.20	0.90	1.20	11.00	10.00	0.17	237.00	0.02	–	13.00	74.00
葡萄	69.00	18.10	0.16	0.72	0.90	7.00	10.00	0.07	191.00	0.09	–	3.20	3.00
葡萄柚 / 西柚	30.00	7.50	0.10	0.55	1.10	8.00	15.00	0.07	127.00	0.04	–	37.00	13.00
柠檬	61.00	19.76	0.30	1.10	2.80	8.00	26.00	0.06	138.00	0.08	–	53.00	1.00
樱桃	63.00	16.01	0.20	1.06	2.10	11.00	13.00	0.07	222.00	0.05	–	7.00	3.00
火龙果	66.00	12.40	1.20	1.40	2.60	31.00	9.00	28.06	190.00	0.04	–	7.00	–

奶制品及液体

	热量（千卡）	碳水化合物（克）	脂肪（克）	蛋白质（克）	纤维素（克）	镁（毫克）	钙（毫克）	锌（毫克）	钾（毫克）	维生素B_6（毫克）	维生素B_{12}（微克）	维生素C（毫克）	维生素A，RAE（微克）
脱脂希腊酸奶	59.00	3.60	0.39	10.19	–	11.00	110.00	0.52	141.00	0.06	0.75	–	1.00
脱脂酸奶	56.00	7.68	0.18	5.73	–	19.00	199.00	0.97	255.00	0.05	0.61	0.90	2.00
椰子水	18.00	4.24	–	0.22	–	6.00	7.00	0.02	165.00	–	–	9.90	–
牛奶	61.00	4.46	3.46	3.10	–	5.00	101.00	0.38	253.00	0.03	0.36	0.90	29.00
全脂酸奶	61.00	4.66	3.25	3.47	–	12.00	121.00	0.59	155.00	0.03	0.37	0.50	27.00
豆浆	41.00	3.29	1.65	2.88	0.40	16.00	123.00	0.25	123.00	–	1.23	–	–
豆奶	30.00	1.80	1.50	2.40	–	7.00	23.00	0.24	92.00	–	0.68	–	–
橙汁	45.00	10.40	0.20	0.70	0.20	11.00	11.00	0.05	200.00	0.40	–	50.00	10.00
柠檬汁	22.00	6.90	0.24	0.35	0.30	6.00	6.00	0.05	103.00	0.05	–	38.70	–
黑咖啡	2.00	0.34	–	0.10	–	4.00	4.00	0.01	30.00	–	–	–	–
绿茶	1.00	–	–	0.25	–	1.00	–	0.01	9.00	0.01	0.30	0.30	–
啤酒	43.00	3.55	–	0.46	–	6.00	4.00	0.01	27.00	0.05	0.02	–	–
红酒	83.00	2.72	–	0.07	–	11.00	8.00	0.13	99.00	0.05	–	–	–
青柠汁	30.00	10.54	–	0.70	2.80	6.00	33.00	0.11	102.00	0.04	–	29.10	2.00
帕尔玛奶酪	392.00	3.22	25.83	35.75	–	44.00	1184.00	2.75	92.00	0.09	1.20	–	207.00
佩科里诺奶酪	356.00	0.20	27.20	28.00	–	36.00	743.00	3.70	77.00	0.05	1.30	–	187.00
菲达奶酪	264.00	4.09	21.28	14.21	–	19.00	493.00	2.88	62.00	0.42	1.69	–	125.00

参考文献

1. Rockridge Press. The Clean Eating Cookbook & Diet: Over 100 Healthy Whole Food Recipes & Meal Plans [M]. Rockridge Press, 2013.

2. Michael Mosley, Mimi Spencer. The FastDiet - Revised & Updated: Lose Weight, Stay Healthy, and Live Longer with the Simple Secret of Intermittent Fasting [M]. Atria Books; Rev Upd edition, 2015.

3. M. D. Walter C. Willett, P. J. Skerrett. Eat, Drink, and Be Healthy: The Harvard Medical School Guide to Healthy Eating [M]. Free Press, 2005.

4. Dallas Hartwig, Melissa Hartwig. It Starts With Food: Discover the Whole30 and Change Your Life in Unexpected Ways [M]. Victory Belt Publishing, 2014.

5. Gary Taubes. Why We Get Fat: And What to Do About It [M]. Anchor; Reprint edition, 2011.

6. John Berardi, Ryan Andrews. The Essentials of Sport and Exercise Nutrition Certification Manual [M]. Precision Nutrition, 2010.

7. 森拓郎 . 運動指導者が断言！ダイエットは運動 1 割、食事 9 割 [M]. ディスカヴァー・トゥエンティワン , 2014.

8. 渡辺信幸 . 日本人だからこそ「ご飯」を食べるな 肉・卵・チーズが健康長寿をつくる [M]. 講談社 , 2014.

9. 范志红 . 食物营养与配餐 [M]. 北京 : 中国农业大学出版社 , 2010.

10. 中国营养学会 . 中国居民膳食营养素参考摄入量速查手册（2013 版）[M]. 北京 : 中国标准出版社 , 2014.

11. 于珺美 . 营养学基础 [M]. 北京 : 科学出版社 , 2013.

12. 中国就业培训技术指导中心组织 . 公共营养师（基础知识）[M]. 北京 : 中国劳动社会保障出版社 , 2012.

13. 国家卫生计生委 . 中国居民营养与慢性病状况报告（2015）[R]. 2015.

14. Else Vogel, Annemarie Mol. Enjoy Your Food: on Losing Weight and Taking Pleasure[J]. Sociology of Health & Illness, 14.,Volume 36, Issue 2, 305–317, 2014.

15. Fischer JE: Surgical NutritionLittle[J]. Brown and Company Boston, P97-126, 129-163, 1983.

16. Sune Bergstrom, Henry Danielsson, Dorrit Klenberg, Bengt Samuelsson. The Enzymatic Conversion of Essential Fatty Acids into Prostaglandins[J]. The Journal Of Biological Chemistry, 1964.

17. Lands, William E.M.. Biochemistry and physiology of n-3 fatty acids. FASEB Journal (Federation of American Societies for Experimental Biology), 1992.

18. Amos Bairoch. The ENZYME database in 2000. Nucleic Acids Research, 2000.

19. McArdle WD etal: Exercise Physiology...Energy, Nutrition, and Human Performance, Lea and Febiger Philadelphia, 1981, p.406.

20. 吴诗光 , 周琳 . 对酶概念的再认识 [N]. 生物学通报 , 2002(04).

参考网站

1. 美国农业部

(United States Department of Agriculture)

http://www.usda.gov/wps/portal/usda/usdahome

2. 中华人民共和国香港特别行政区政府食物安全中心

(The Government of the Hong Kong Special Administrative Region: Centre for Food Safety)

http://www.cfs.gov.hk/

3. 澳洲新西兰食品标准管理局

(Food Standards Australia New Zealand)

http://www.foodstandards.gov.au/

4. 康泰纳仕食物营养数据

(Condé Nast SELFNutritionData)

http://nutritiondata.self.com/

5. 世界卫生组织

(World Health Organization)

http://www.who.int/en/

6. 中国居民膳食指南

(The Chinese Dietary Guidelines)

http://dg.cnsoc.org/

REGULARS

Recipe

猪肉也能越吃越瘦

※※※

野孩子 / text & photo courtesy

营养信息 / 热量 碳水化合物 脂肪 蛋白质

㊟ 美容和瘦身几乎是每个女生一生的课题。对于一个 30 几年没有胖过，最近半年胖了 10 斤的女生来说，瘦身这个问题尤其戳心戳肺，虽然年纪带来的基础代谢降低是主要原因，但饮食结构和生活习惯的不合理，大概也需要正视起来。

㊟ 这半年，伴随着辞职带来的可自由支配的时间陡然增加，正好用来调整生活节奏，改善饮食结构。

㊟ 于是，时隔三年又开始跑步，艰难地从一公里到五公里，终于恢复了运动的好习惯。跑步可能是土相星座最喜欢的运动之一，因为目的明确，只要单纯努力地去到达终点就好。伴随着跑步的艰辛，自然而然地开始控制饮食。跑步 5 公里消耗的热量，大概等于两碗米饭的热量，一旦弄清楚每种食物的卡路里，在吃的时候就会更有针对性和更科学，也不需要完全牺牲对美食的爱好，何乐而不为呢！

㊟ 所以，作为一个不折不扣的肉食爱好者，纵然在瘦身期间也不会放弃对肉食的渴望。下面这两道猪肉料理，少油脂，甚至无油脂，健康轻盈，享受好味道的同时完全无负担。

豆浆蔬菜猪肉煮

◂◂◂◂ 营养信息 ▸▸▸▸

for 1 person

热量／约 264.0 千卡

碳水化合物／约 25.0 克

脂肪／约 11.0 克

蛋白质／约 14.0 克

◂◂◂◂ 食材 ▸▸▸▸

for 2 persons

✤猪里脊（切薄片）/200 克

✤卷心菜（嫩叶）/1/4 个

✤洋葱 /1/4 个

✤鸡汤 /100 毫升

✤原味豆浆 /200 毫升

✤盐 / 适量

✤黑胡椒粉 / 适量

※※※

◂◂◂◂ 做法 ▸▸▸▸

❶ 洋葱切丝，卷心菜切丝（菜心切窄一点，菜叶切大一点）；猪肉切成薄片。

❷ 按照菜心、菜叶、洋葱、猪肉的顺序放入平底锅内，倒入鸡汤和豆浆，开中火煮开（可以依据个人喜好加一点点料酒）。

❸煮开后，加入盐和黑胡椒粉调味。

◂◂◂◂ TIPS ▸▸▸▸

猪肉要摆在蔬菜上头煮，蔬菜的天然甜味会渗透进猪肉里面。

什锦猪肉味噌汤

◂◂◂◂营养信息▸▸▸▸

for 1 person

/约 142.0 千卡

/约 9.0 克

/约 13.0 克

/约 6.0 克

◂◂◂◂ 食材 ▸▸▸▸

for 2 persons

✤猪里脊（切薄片）/100 克
✤胡萝卜 / 约 3 厘米长的一段
✤白萝卜 / 约 3 厘米长的一段
✤牛蒡 /1/2 个（可替换成鲜笋）
✤魔芋 /1/4 个（或者魔芋丝）
✤出汁（鲣鱼汁）/500 毫升
✤味噌 /30 克
✤芝麻油 /5 毫升
✤七味粉 / 适量
✤香葱碎 / 适量

※※※

◂◂◂◂ 做法 ▸▸▸▸

❶ 胡萝卜、白萝卜切块，牛蒡切丝（笋切块），猪肉切薄片。

❷ 平底锅烧热后，放入芝麻油，然后将猪肉片放入锅中，翻炒至变色后，加入胡萝卜、白萝卜、牛蒡（笋），一起翻炒片刻后，加入出汁，然后加入魔芋，一起煮开后，关小火，煮至萝卜变软。

❸最后加入味噌，味噌全部溶解后，关火；根据个人口味加入七味粉和香葱碎。

◂◂◂◂ TIPS ▸▸▸▸

✤出汁（鱼高汤）是很多日本料理的核心。如果买不到现成的，可以在家自己做。自己做的话也可以根据熬煮时间调整咸度。

食材✤水 /1 升✤干海带 /10 厘米见方✤鲣鱼干 /30 克

做法✤海带用湿布擦拭干净后，放入装有 1 升水的大锅里浸泡 10 分钟左右；开火加热，水变热后捞出海带。水一旦开始沸腾加入鲣鱼干薄片，大火煮 1~2 分钟后关掉。鲣鱼干薄片完全沉到锅底后就可以过滤汤汁了。过滤好的鱼高汤就是出汁了。没有用完的出汁可以冷却后冷冻保存。

Recipe

烤出来的寻常饱足

烤南瓜蔬菜沙拉 & 鸡胸肉蔬菜汉堡

※※※

miss 蜗牛 / text & photo

Dora / edit

营养信息 / 热量 碳水化合物 脂肪 蛋白质

⊛ 天气渐冷，寒食已经不合时宜。简单烘烤的食物，即使少油少盐，也能给人的味蕾以扎实的满足。烤制食物并非是高热量的代表，关键还是要看进行怎样的食材搭配。藜麦、南瓜、豆腐、鸡胸肉、脱脂酸奶……总是有那么多美味、营养、低负担的食材供你选择。食材用得妙，甚至连汉堡都不再可怕。

烤南瓜蔬菜沙拉

营养信息

for 1 person

热量 / 约 307.0 卡

碳水化合物 / 约 30.1 克

脂肪 / 约 14.2 克

蛋白质 / 约 10.9 克

食材

- 藜麦 / 20 克
- 秋葵 / 20 克
- 南瓜 / 半个
- 红甜椒 / 半个
- 豆腐 / 50 克
- 柠檬汁 / 适量
- 橄榄油 / 10 毫升
- 黑醋 / 10 毫升
- 蜂蜜 / 5 毫升
- 盐 / 3 克

※※※

做法

❶ 藜麦浸泡 1 小时，水煮 15 分钟至透明状。

❷ 取出烤盘垫上锡纸，南瓜半个切成 2 块，红甜椒切块，用橄榄油和柠檬汁调味，放入烤盘中，180℃烤 15 分钟，至南瓜软糯。

❸ 秋葵热水煮熟，切成星星状。

❹ 将柠檬汁、蜂蜜、黑醋和盐调成沙拉酱汁，倒入藜麦、秋葵、红甜椒和豆腐中，搅拌均匀。

❺ 将拌好的豆腐蔬菜沙拉填入南瓜中即可。

鸡胸肉蔬菜汉堡

营养信息

for 1 person

/约345.0卡

/约70.7克

/约40.7克

/约27.1克

食材

✤鸡胸肉 /100 克

✤胡萝卜 / 半根

✤鸡蛋 /1 个

✤番茄 /1 片

✤生菜 / 适量

✤玉米粒 /20 克

✤黄瓜 / 适量

✤脱脂酸奶 /20 毫升

✤黑胡椒、生抽、盐、料酒 / 适量

※※※

做法

❶ 鸡胸肉剁成泥，加入料酒去腥，加入生抽调味，磨入黑胡椒和适量盐，打入鸡蛋搅拌均匀。

❷ 胡萝卜剁成小丁，和鸡肉泥搅拌均匀，分捏成2块肉饼。

❸ 烤盘上铺好锡纸，放上鸡肉饼，撒些黑胡椒粉，入烤箱180℃烤15分钟（没有烤箱可用平底不粘锅煎制）。

❹ 烘烤同时，将黄瓜和番茄切片，煮熟玉米粒，备好生菜。

❺ 把烤好的鸡胸肉饼作为汉堡胚放在底部，依次叠放生菜、番茄片、黄瓜片、玉米粒，浇上酸奶作为酱汁，最后把另一个肉饼盖在顶部，完成。

Recipe

零食也要轻

蓝莓谷物棒
&
酸奶鹰嘴豆泥

※※※

李晓彤 / edit
kakeru / text & photo

营养信息 / 热量 碳水化合物 脂肪 蛋白质

※ 减肥瘦身并不意味着要饿肚子，少食多餐其实是很好的饮食习惯。我常思考零食应该怎样制作，才能既保证风味与营养，又不会为身体带来过多负担。

※ 蓝莓谷物棒是一款适用于各种时段食用，可以随时补充能量的轻零食。区别于直接混合燕麦的传统做法，本款谷物棒使用香蕉、杏仁混合燕麦搅拌成泥，Topping 则选择了膳食纤维丰富的各种谷物，以及酸甜可口的蓝莓，搭配酸奶或泡牛奶均可，是运动前的能量帮手；传统鹰嘴豆泥都以芝麻酱佐味，但为减脂增肌，减少卡路里负担，这次用浓郁的酸奶代替芝麻酱，口感上更加细腻、清爽。

蓝莓谷物棒

营养信息

for 1 person

热量／约 187.0 千卡
碳水化合物／约 23.7 克
脂肪／约 9.0 克
蛋白质／约 6.3 克

食材

谷物棒

- 生燕麦 / 172 克
- 杏仁 / 120 克
- 蜂蜜 / 30 毫升
- 椰子油 / 15 毫升
- 盐 / 一小撮
- 肉桂粉 / 9 克
- 香蕉 / 2 根
- 香草精 / 7.5 克

Topping

- 生燕麦 / 35 克
- 切片杏仁 / 30 克
- 南瓜子 / 25 克
- 蓝莓 / 150 克
- 牛奶 / 60 毫升
- 肉桂粉 / 1 克

※※※

做法

1. 烤箱预热 177℃，烤盘铺上油纸，并且油纸上刷椰子油。
2. 将谷物棒部分的全部食材放入搅拌机中，搅拌均匀。
3. 把以上搅拌均匀的食材铺入烤盘中，放入烤箱烤 8~10 分钟。
4. 把 Topping 部分的食材混合均匀。
5. 混合均匀的 Topping 放在烤制完的谷物混合物上面，轻压；随后将其放入烤箱烤制 15 分钟。

酸奶鹰嘴豆泥

◂◂◂◂ 营养信息 ▸▸▸▸

for 1 person

/约114.0千卡

/约17.4克

/约3.6克

/约6.3克

◂◂◂ 食材 ▸▸▸▸

✣鹰嘴豆 /220 克

✣蒜 /3 瓣

✣橄榄油 /15 毫升

✣柠檬汁 /15 毫升

✣水 /300 毫升

✣盐 /3 克

✣黑胡椒 /2 克

✣希腊酸奶 /55 克

❋❋❋

◂◂◂◂ 做法 ▸▸▸▸

❶ 将鹰嘴豆提前浸泡 12 小时。

❷ 烧水煮豆，水开后煮 10 分钟即可。

❸ 将除希腊酸奶以外的食材全部放入搅拌机中，搅拌成泥。

❹ 放入希腊酸奶继续搅拌，搅拌均匀即可。

◂◂◂◂ TIPS ▸▸▸▸

✣ 将鹰嘴豆泥放入保鲜盒密封，冰箱冷藏可保存一周。

Column

吉井忍的食桌

06

和小猪分享豆渣的美味

吉井忍（日） / text & photo courtesy

营养信息 / 热量 碳水化合物 脂肪 蛋白质

⊛ 有一段时间我喜欢上自己做豆浆。晚上泡好黄豆，早上用搅拌机磨碎，加水煮沸后过滤好。当时我和先生住在上海的老公寓，每家的厨房都在走廊里。这样一来，一天三餐做饭的时段，就是和邻居大婶大叔们的交流时间。每次做完豆浆，都会产生相当分量的豆渣，我会留下来做菜用。炒豆渣、豆渣汉堡、豆渣蛋糕、豆渣饼干……能做出好几道菜和点心。但过了一段时间，我慢慢对自制豆浆失去了热情，除了因为早上做豆浆有点儿费劲，还有一个小小的原因：有一次邻居阿姨看到搁在小碗里的豆渣，热心告诉我：“我们不吃豆渣，那是喂猪用的。”虽然豆渣我还是舍不得扔，但又不好意思被人家认定是吝啬鬼媳妇，一来二去干脆不做豆浆了。

⊛ 后来通过和网友的交流，我发现在中国各地还是有不少豆渣菜肴：可以加面粉和鸡蛋做成豆渣饼，可以和切细的青菜同炒，还可以做成油炸丸子。中国幅员辽阔，总有人想到吃它的吧，看来只是那位上海阿姨的认识不同。当然话说回来，不管在中国或日本，确实不少饲养场用豆渣养猪。

⊛ 在日本，豆渣是一种物美价廉的家常食品。它富含膳食纤维和粗蛋白，又有低热量、低脂肪的优点。膳食纤维增加饱腹感，在减肥期间食用可缓解饥饿，同时有助于防治便秘，能使健康瘦身效果更显著。豆渣还含有微量元素等，尤其是钙质，每 100 克豆渣中的含量高达 80~100 毫克，能防治骨质疏松。在老家，最普遍的豆渣菜是炒豆渣：先炒热香菇、胡萝卜等材料，再加豆渣干炒一会儿，最后加料酒、糖和酱油调味。这个小菜可以说是很普及的家常菜，可以讲是公认的“母亲之味”。日本超市的熟食区经常能看到小包装的炒豆渣，方便懒得自己下厨的单身年轻人，工作忙碌一天后，可以一边品尝一边想念故乡。

㊟ 对了，在日本关东地区（本州以东京、横滨为中心的一带），人们会把炒豆渣叫作“卯之花”（unohana）。“卯之花”是一种虎耳草科的灌木别称，中文名叫溲疏，一到夏天便满树白花，非常悦目。古人对自然和生活的观察很神奇也很巧妙，原本干巴巴的豆浆副产品，称作“卯之花”就给人洁净素雅之感。

㊟ 日本的一般家庭不太会自制豆浆，要喝豆浆通常得去超市买，若要喝新鲜的，可以去街区里的豆腐店。豆渣也一样，超市和豆腐专卖店里都有袋装豆渣，一包（大约 200 克）50 日元左右，约合人民币 3 元不到。若你住在商店街附近，而且有常去的豆腐店，那店主也许会说：“不用客气啦，你要多少就拿多少！”

㊟ 考虑到日式炒豆渣和中国的做法差异不大，于是建议大家试试“豆渣汉堡肉”。豆渣汉堡肉用的是鸡胸肉末和豆渣，都是低脂肪低热量的减肥佳品。最后告诉大家我为什么喜欢用豆渣的最大原因……因为料理时不用刀切，就可以直接下锅！既减肥又省事，真是懒主妇的福音啊。大家得闲不妨一试。

豆渣汉堡肉饼

for 2~3 persons, 10 mins

◂◂◂◂ 营养信息 ▸▸▸▸

for 1 person

/约 276.0 千卡

/约 13.9 克

/约 14.3 克

/约 21.7 克

◂◂◂◂ 食材 ▸▸▸▸

✤鸡胸（肉末）/150 克
✤豆渣 /120 克
✤牛奶 /2 汤匙
✤大葱末 /2 汤匙
✤生姜泥 / 少许
✤日式高汤（粉末）/2 汤匙
✤植物油 / 半汤匙
✤萝卜泥 /100 克
✤小葱末 / 适量
✤酱油 / 适量

❋❋❋

◂◂◂◂ 制作步骤 ▸▸▸▸

❶ 准备豆渣和萝卜泥

将豆渣放入大碗里，加牛奶后搅拌均匀。
另做萝卜泥，放入冰箱备用。

❷ 成型肉饼

另外准备一个大碗，将鸡肉末、大葱末、生姜泥和日式高汤（粉末）搅拌。开始有一定的黏度后加入步骤❶的豆渣，并搅拌均匀。
将肉馅分成四至六个小块并成型。

❸煎肉饼

准备平底锅，放一点植物油并预热。
放入步骤❷的豆渣肉饼煎制。

◂◂◂◂ TIPS ▸▸▸▸

✤ 肉饼上盛少许萝卜泥和小葱末，按个人口味加少许酱油。将肉饼装盘时，可以铺一两枚青紫苏，肉饼会带有清香。

Column

食不言，饭后语

06

扬州酱油

老波头 / text

Ricky / illustration

㊍ 夏季一到，温度高，阳光充足，是一年之中酿造酱油的最好时节。当然我是指古法，现代的酱油制法皆靠事后大量添加味精取胜，已非本来面目。

㊍ 一说酱油，大家自然而然地想到浓油赤酱的上海菜，好像跟清清淡淡的淮扬菜没什么关系。其实淮扬菜下酱油的例子甚普遍，比如扬州人“皮包水”早茶文化中必食的烫干丝，此菜仅用酱油、绵白糖、麻油调味，豆腐干本身寡淡，非靠上等酱油解救不可，这道菜的好坏，全凭酱油。

㊍ 扬州酱油的资料，可以参考清代的《调鼎集》。这部书介绍酱油的内容颇多，大部分切中要害，但有些当今看来并不科学，只可供大家一笑。

㊍ 摘录节选如下：

“造酱油用三伏黄道日，浸豆，黄道日拌黄。又，端午日取桃枝入缸。又，火日晚间造酱，俱不生虫。不拘黄豆、黑豆，照法煮烂入面，连豆汁洒和，或散或块，或楮叶，或青蒿，或麦秸，于不透风处罨七日，上黄捶碎用。”

——什么黄道日、端午日、火日，说穿了，是怕一个“水”字，和泡菜忌水是一个道理。

“造酱禁忌：下酱忌辛日；水日造酱必虫；孕妇造酱必苦；防雨点入缸；防不洁身子、眼目；忌缸坛泡法不净。”

——还是怕发霉生虫，孕妇一说，颇有旧时小说黑狗血破妖法之感也。

“雷时合酱令人腹鸣。又，月上、下弦之候，触酱辄。”

——做酱油又会肚子痛，又会走不动路，真是高危行业。

“做酱油愈陈愈好，有留至十年者极佳。”

——通常晒足一月，即可上市，晒足三月，就是《随园食单》中常提到的秋油。三年五年甚至十年的酱油我皆试过，酱香十分突出，浓稠得不得了。

“做酱油豆多味鲜，面多味甜。北豆有力，湘豆无力。”

——酱油厂家标榜自家使用东北大豆，出处在此，可惜他们追求味鲜是下味精，追求味甜则下糖精，恐怖至极。

“又，酱油坛用草乌六七个，每个切作四块，排坛底，四边及中心有虫即死，永不再生。若加百部尤妙。”

——酱油最怕生虫，毛主席家里开酱油铺，幼时看到酱蛆，留下阴影，所以毛氏红烧肉一点酱油也不下，实属红烧肉中的奇葩。

“蚕豆酱油：五月内取蚕豆一斗，煮熟去壳，用面三斗，滚水六斗，晒七日，入盐十八斤，滤净入黄，二十日可。如天阴，须二十余日才得箱尽。”

——蚕豆酱油，久已失传，从前大豆歉收，才用蚕豆代替。

“套油：酱油代水，加黄再晒。或二料并作一料，名夹缸油。油晒出，味自浓厚。”

——就像黄酒中的善酿，又称作“母子酱油”。

“千里酱油：拣厚大香苑（即香菇）一斤，入酱油五斤，日晒日浸干透收贮，行远作酱油用。又，酱油内入陈大头菜，切碎装袋，浸之发鲜。或虾米、金钩亦可。胡椒亦发鲜。”

——此皆妙法，仿制不难。

“白酱油：豆多面少，其色即白。如用豆一担加至二担，面用一担，只用五斗。”

——江南人又叫淡酱油，面的比例增加，即成浓酱油，和广东人的生抽老抽原理不同。小时炮制红烧肉，浓酱油足矣，用老抽是广东酱油占领市场，浓酱油停产之后的事情。事实上老抽额外添加焦糖，增色增稠，不懂行的人还以为有个“老”字，就算陈年酱油呢。

Column

鲜能知味

05

清淡如夏

张佳玮 / text

Ricky / illustration

㊟ 我们故乡，到夏天为了养生，便喝稀饭。本地称稀饭为泡饭，与粥相比，有浓淡疏密之别，但通常规矩，粥和泡饭的配菜待遇一样，与白米饭的配菜有俭奢之别。配饭的菜，浓艳肥厚，是玉堂金马的状元；粥菜就复杂些，样子上得清爽明快，所谓清粥小菜是也，但也不纯是落第居村的秀才。

㊟ 用老人家的说法：夏天喝粥，得配有味的素菜。不素则油腻，不有味则吃不下去。粥菜清鲜，才能好好过一夏天呢。

㊟ 夏丏尊老先生说他当年会弘一法师。法师吃饭只就一碟咸菜，还淡然道："咸有咸的味道。"姑不论禅法佛意性，只这一句话会心不远。吃粥配菜，本来就越咸越好，得有重味——这点和下酒菜类似。所以下粥时吃新鲜蔬菜不大对劲，总得找各类泡腌酱榨的入味物事。

㊟ 我外婆她老人家善治两样粥菜：腌萝卜干，盐水花生。做萝卜干讲究一层盐一层萝卜，闷瓶而装。有时兴起，还往里面扔些炸黄豆。某年夏天开罐去吃，咸得过分，几乎把我舌头腌成盐卤口条。萝卜本来脆，腌了之后多了韧劲，刚中带柔，口感绝佳。配着嘎嘣作响的炸黄豆吃，像慢郎中配霹雳火。

㊟ 老年代各家老阿婆，都会自制酱菜：黄瓜、莴苣、萝卜、生姜、宝塔菜之类，酱腌得美味，黄瓜爽，莴苣滑，萝卜韧，生姜辛，宝塔菜嫩脆得古怪。可以自己吃，可以送人。酱菜配粥胜于泡饭。因为粥更厚润白浓，与酱菜丝缕浓味对比强烈。也有人嫌萝卜干太质朴，嫌酱菜太工笔山水，就爱单吃蒜头下粥。我小时候初吃蒜，苦心经营地剥，真有"打开一个盒子内藏一个盒子"的套娃式喜剧感。最后剥出一点儿蒜头，吃一口眉皱牙酸鼻子呛，好比鼻子挨了一拳。当然，有了心理准备后，生蒜头真是佐粥妙方。萝卜还需盐这点外界助味，大蒜天然生猛，小炸弹一样煞人舌头。

㊟ 江南普遍认为豆子是半荤，所以豆制品尤其是豆腐干，可以代替肉来，做粥菜解馋，还很有营养。我爸爸懒起来就小葱加盐拌个豆腐下粥，勤起来就烫干丝。烫干丝和煮干丝是早年扬州泡茶馆的客套礼数。比如甲："今天请你煮个干子。"乙客气："烫个就行，烫个就行。"我以为煮干丝宜饭宜酒，烫干丝宜茶宜粥。江南家常做法：豆腐干切丝，水烫一遍去豆腥味，然后麻油酱油拌之，味极香美。

㊟ 夏天煮粥，宜稀不宜稠，若非为了绿豆粥借绿豆那点子清凉，吃泡饭倒比粥还适宜。粥易入口好消化，但热着时吃，满额发汗；稠粥搁凉了吃，凝结黏稠，让人心头不快。泡饭是夏天最宜。江南所谓泡饭其实很偷懒，隔夜饭加点水一煮一拌就是了，饭粒分明，也清爽。医生警告说不宜消化，但比粥来得爽快也是真的。

㊟ 日本料理里有种泡饭，是九州地方的风味：小鱼干、小黄瓜丝、紫菜熬成味噌汤，搁凉了，浇白米饭上。夏天若被高温蒸得有气无力少胃口，就指着这个吃了：鲜浓有味，还凉快；如果有碎芝麻粒，铺在饭面上再浇汤，更香美入口。

㊟ 夏天喝粥，还宜吃藕。脆藕炒毛豆，下泡饭吃。毛豆已经够脆，藕则脆得能嚼出"刺"的一声，明快。生藕切片，宜下酒。糯米糖藕，夏天吃略腻了些，还黏，但就粗绿茶，意外地相配。

㊟ 最好的还是咸鸭蛋。咸蛋分蛋白蛋黄。好咸鸭蛋，蛋白柔嫩，咸味重些；蛋黄多油，色彩鲜红。正经的吃法是咸蛋切开两半，挖着吃，但没几个爸妈有这等闲心。一碗粥，一个咸蛋，扔给孩子，自己剥去。

㊟ 吃咸蛋没法急。急性子的孩子，会把蛋白蛋黄挖出来，散在粥面上，远看蛋白如云，蛋黄像日出，好看，但是过一会儿，咸味就散了，油也汪了。好咸鸭蛋应该连粥带蛋白、蛋黄慢慢吃，斯文的老先生吃完了咸鸭蛋，剔得一干二净，存缕不剩，留一个光滑的壳，非常有派头，可以拿来做玩具、放小蜡烛。小时候贪吃蛋黄，总想着什么时候能只吃蛋黄就好了。后来吃各类蛋黄豆腐的菜，才发现蛋黄油重，白嘴吃不好，非得有些白净东西配着才吃得下。

㊟ 就这样，可以一整个夏天不见荤腥，也不觉得嘴里淡。清清爽爽一个夏天过去，到西瓜也买不到时，那就是秋天了。

食帖零售名录

网站

亚马逊
当当
京东
中信出版社淘宝旗舰店
文轩网
博库网

北京

西单图书大厦
王府井书店
中关村图书大厦
亚运村图书大厦
三联书店
Page One 书店
万圣书园
库布里克书店
时尚廊书店
单向街书店

上海

上海书城福州路店
上海书城五角场店
上海书城东方店
上海书城长宁店
上海新华连锁书店港汇店
季风书园上海图书馆店
“物心”K11 店（新天地店）

广州

广州购书中心
新华书店北京路店
广东学而优书店
广州方所书店
广东联合书店

深圳

深圳中心书城
深圳罗湖书城
深圳南山书城
深圳西西弗书店

南京

南京市新华书店
凤凰国际书城
南京大众书局
南京先锋书店

天津

天津图书大厦

郑州

郑州市新华书店
郑州市图书城五环书店
郑州市英典文化书社
生活·读书·新知三联书店
郑州分销店

浙江

博库书城有限公司
博库网络有限公司电商
庆春路购书中心
解放路购书中心
杭州晓风书屋
宁波市新华书店

山东

青岛书城
济南泉城新华书店

山西

山西尔雅书店
山西新华现代连锁有限公司
图书大厦

湖北

武汉光谷书城
文华书城汉街店

湖南

长沙弘道书店

安徽

安徽图书城

江西

南昌青苑书店

福建

福州安泰书城
厦门外图书城

广西

南宁书城新华大厦
南宁新华书店五象书城
南宁西西弗书店

云贵川渝

贵州西西弗书店
重庆西西弗书店
成都西西弗书店
成都方所书店
文轩成都购书中心
文轩西南书城
重庆书城
新华文轩网络书店
重庆精典书店
云南新华大厦
云南昆明书城
云南昆明新知图书百汇店

东北地区

新华书店北方图书城
大连市新华购书中心
沈阳市新华购书中心
长春市联合图书城
长春市学人书店
长春市新华书店
黑龙江省新华书城
哈尔滨学府书店
哈尔滨中央书店

西北地区

甘肃兰州新华书店西北书城
甘肃兰州纸中城邦书城
宁夏银川市新华书店
新疆乌鲁木齐新华书店
新疆新华书店国际图书城

机场书店

北京首都国际机场 T3 航站楼
中信书店
杭州萧山国际机场
中信书店
福州长乐国际机场
中信书店
西安咸阳国际机场 T1 航站楼
中信书店
福建厦门高崎国际机场
中信书店

香港

绿野仙踪书店